Amid Fears, Rumors and Worries

直面恐惧、流言和担忧：

Public Decision-Making Ethics in the Industrialization of Genetically Modified Crops

当公共决策伦理遭遇转基因作物产业化

刘 柳 /著

中共中央党校出版社

图书在版编目（CIP）数据

直面恐惧、流言和担忧：当公共决策伦理遭遇转基
因作物产业化 / 刘柳著 . -- 北京：中共中央党校出版
社，2020.12
ISBN 978-7-5035-6982-1

Ⅰ.① 直…　Ⅱ.① 刘…　Ⅲ.① 转基因技术—技术伦理
学—研究　Ⅳ.① Q785

中国版本图书馆 CIP 数据核字（2021）第 018772 号

直面恐惧、流言和担忧——当公共决策伦理遭遇转基因作物产业化

责任编辑	任　典
责任印制	陈梦楠
责任校对	李素英
出版发行	中共中央党校出版社
地　　址	北京市海淀区长春桥路 6 号
电　　话	（010）68922815（总编室）　　（010）68922233（发行部）
传　　真	（010）68922814
经　　销	全国新华书店
印　　刷	北京中献拓方科技发展有限公司
开　　本	700 毫米 ×1000 毫米　1/16
字　　数	248 千字
印　　张	15.5
版　　次	2020 年 12 月第 1 版　　2020 年 12 月第 1 次印刷
定　　价	50.00 元

微　信 ID：中共中央党校出版社　　　　邮　　箱：zydxcbs2018@163.com

引　言

　　在给人类生活带来深刻的变化、产生巨大经济效益的同时，人们因转基因作物技术的飞速发展和广泛应用在安全性、利益分配、商讨互动等社会影响层面的争议不止而陷入了决策困境。各国都将转基因作物技术视为农产品领域特别是粮食安全领域的关键技术。

　　从已有的相关研究来看，将公共决策与伦理学结合起来并对相关主体在认知、利益、运作程序等层面的系统探讨和研究较少。本书从公共决策伦理的视角对转基因作物产业化进行了研究，以综合分析其存在的伦理困境、根源、价值取向及落实践行等问题。

　　伦理学、决策学、科学技术与公共政策学这三大块理论与本书契合紧密。一是将公共决策伦理理论用于分析相关伦理困境问题上。公共决策承载着善、公正、民主的伦理价值，而这些伦理价值优先于追求技术红利的价值取向。这也就明确了其在面对技术存在的风险、利益分配的冲突、决策公开参与层面的困境时都应围绕上述伦理精神来解决。二是将科技不确定性风险理论用于分析相关困境根源上。本书对科技不确定性风险理论做了内涵探讨，明确了转基因作物技术在科学知识解释、实验检测层面还不够完整和精准。我们应当承认科学的局限性，并将其不确定性风险如实告知公众，以保证其知情选择权及决策正当民主性的落实。三是将后常规科学互动满意人理论用于探讨相关公共决策伦理困境的出路上。本书在福特沃兹、拉维茨的后常规科学理论及福克斯、米勒的后现代公共话语理论、西蒙的满意人决策理论、福莱特的群体动态过程理论的基础上，试图将其进行融合，形成了后常规科学话语互动满意人理念，为破解转基因作物产业化公共决策伦理困境提供了理论探索的途径。

当前，在转基因作物产业化语境下，公共决策伦理主要存在三个方面的困境：一是转基因作物技术安全性层面的困境，包括技术操作本身蕴含的安全性困境、检测评价原则方法带来的人体健康生态安全困境及科技主权粮食农贸层面的困境；二是相关参与主体层面的困境，包括参与主体资格及主体构成的科学性困境、参与主体存在角色冲突困境及科技公民身份虚化的困境；三是公共决策信息公开层面的困境，包括核心信息遮蔽困境、滞后性、真实性困境及媒体报道的信息存在模糊性困境。

分析转基因作物产业化公共决策伦理困境及其缘由，可将其归因为认知不确定性风险、利益的干扰分歧以及复杂的公共决策环境这三个方面的原因。认知不确定性风险体现在转基因作物技术因其复杂性而未能完全认知到其存在的风险以及是否忽略了认知到的不确定性风险而产生的诚信选择的问题上。利益分歧主要在于多重利益的干扰而忽略了公共利益。仅以追求利益为目标，这是公共决策源头上的困境。同时，在追逐利益中，各主体以依附、揭露等逐利方式又催生出了利益依附式和利益制衡式的策略手段。复杂公共决策环境则指向公共机构面临多职责及公众因缺乏信任而产生阴谋论式的非理性思维的状况。

基于困境、根源分析，我们发现：转基因作物产业化公共决策伦理价值取向应蕴含认知诚信、利益公正、程序民主这三个层面的伦理精神。认知诚信一方面是指对转基因作物技术相关科学知识认知应遵循的相关诚实规范；另一方面则指应如实将转基因作物技术的原理知识及可能存在的风险点告知公众。利益公正是指各群体在利益诉求上机会均等，其在利益分配上进行具体调节并倾向于照顾弱势群体的切身利益，这更加指向真正意义上的公共、平等、正义，它们是公正精神的核心。程序民主的伦理精神则是指应广泛纳入各相关群体以进行民主商讨，听取公众意见，考量转基因作物技术的风险性并形成相关预警措施。

同时，目前对转基因作物产业化的现实政策主要有积极促进型、防御禁止型、预警推进型这三种类型。积极促进型的政策认为：应相信科学实验的数据和结果，对未发现风险的就应大力予以推进其转基因作物产业化，并实现自由贸易，给人类带来福利。这存在过于快速决断的问题。防御禁止型的政策则认为，应正视科学的局限性，对于尚不明确的科学结论就应予以禁止，以防止风险的发生。这种政策存在一定的合理性，但也存在过于谨慎而全面拒绝新技术的"过犹不及"的非合理性。这种政策不会给予转基因技术以发展空间，也没有很好尊重技术生存及合理发展的价值理念。而预警推进型的政策态度则表现为：一方面认为当下的科学检测未发现风险可尝试推进转基因作物产业化，另一方面则要求建立起预警式、严格的审批程序。这种政策态度较为中肯，不仅意识到转基因作物技术作为农业领域的核心技术的先机，还注重到了应防范未发现的转基因作物技术的特殊性。然而，还应警惕这种政策的价值取向是否是建立在与公众沟通充分的基础上，尤其是要注意这种政策是否保护到了不能自我保护的那部分公众应有的诉求表达以及相关行政主体是否真的扮演好了"守夜人"的角色，以保证政策推行的规范性。由此，通过审视这些现实政策并结合认知诚信、利益公正及程序民主的价值取向，我们可以认为：转基因作物产业化应理性认知，审慎推进。同时，相关各群体应积极沟通，将技术、效用和人性有机融合起来。最重要的是，应真正尊重公众的意见，形成技术促进人类福祉、人与自然共同发展的和谐局面。

转基因作物产业化公共决策伦理精神应当通过具体的可操作的机制来践行。对此，本书在分析这一系列困境、缘由及其价值取向的基础上，以诚信、公正及民主为指导思想，进一步提炼出了公共决策伦理践行的8项机制：一是伦理审查机制；二是长效追踪机制；三是有效监督机制；四是失职处罚机制；五是媒体报道责任机制；六是交流沟通机制；七是利益协调机制；八是信任共建机制。在这8项机制下，可进一步探讨其实践途径。例如，通过具体的公众实地考察情境探讨来深化对转基因作物技术的理解；在环境法、农业法、食品法共同协调下落实专门的转基因作物商业法；通过数据等量化分析来溯源相关机构的责任；对于影响科技传播的媒体，则可对其实施信用披露管理。这些做法有助于缓解公众的担忧，亦有助于规范转基因作物产业化的安全发展。

如同人类发展长河中的任何一项高新技术应用历程一样，转基因作物产业化，也会面临争议。而对此问题，集中在公共决策伦理的视角进行探讨，这在理论性和实践性层面都非常具有意义。对于转基因作物技术的产业化应用，唯有一方面尊重公共的善，另一方面坚持理性的实践，才能形成可持续、文明的发展。同时，这也是公共决策伦理落实的基本路径。此外，还需要指出的是，公共决策伦理具有动态性，在不同的时空语境下会有不同的重点考虑。随着转基因作物技术的进一步研发，其安全性终将有较为确切的定论。因此，本书无意讨论实施转基因作物产业化的好与坏，而是旨在讨论、分析该公共决策存在的伦理困境并尝试提供一条解决分歧、达成共识的路径。

笔者坚信：随着人类知识的积累、认知的拓展和技术的不断进步，人们对转基因作物技术的臆断、公共决策的行为选择都必将不断得到改善，因为这是一个与时空共同演化向前的过程。

目　　录

第一章

转基因作物产业化公共决策伦理的生成

第二章

转基因作物产业化公共决策伦理困境

第 三 章

转基因作物产业化公共决策伦理困境根源

第四章

转基因作物产业化公共决策伦理价值取向

第五章

转基因作物产业化公共决策伦理的践行

导论

——公共决策下的转基因作物产业化

一、转基因作物产业化的兴起

（一）转基因作物技术开启应用之路

转基因技术作为生物技术的核心，在 21 世纪具有广泛的影响力。转基因烟草作为世界上第一例转基因作物于 1983 年诞生。1994 年，美国成功将具有延迟成熟功能的转基因西红柿进行商业化种植。这表明了转基因作物技术在农业、食品等领域开始得到应用。

与此同时，发达国家纷纷把发展转基因作物技术作为抢占未来农业生物科技的制高点和增强农业国际竞争力的战略工具。而发展中国家，如包括中国、巴西、阿根廷等也都在积极跟进这一生物技术的发展趋势。截至2015年，全球已有 28 个国家种植了转基因作物，同时有 40 个国家的相关监管机构批准将转基因作物用于粮食或饲料之中①。转基因作物一般有抗旱、抗寒、抗除草剂、抗虫、抗病等几类，目前，以抗除草剂和抗虫功能的两类基因为主，其中又以转基因大豆、棉花、玉米、油菜等为代表的主要农作物的产业化发展较快。同时，转基因作物还带来了一系列的经济效益、生态效益。据 2015 年数据显示，全球转基因作物的累计收益高达 1500 亿美元，累计减少杀虫剂使用达 5.835 亿公斤。从这些发展态势及数据来看，转基因作物技术在农业生物技术领域占有重要地位，且全球各国的竞争也十分激烈。

---

① 参见《2015 年全球生物技术 / 转基因作物商业化发展态势》，《中国生物工程杂志》2016 年第 4 期。

然而，转基因作物技术被认为存在不确定性及潜在风险性，比如，转基因作物中的抗虫基因是否会影响人体健康？转基因作物的抗除草剂基因是否会演化长出超级杂草影响环境？这些问题普遍存在着争议。此外，转基因作物产业化发展在科技主权、农业发展、国际贸易等层面亦存在系列伦理争议问题。当然，一味反对或一味支持转基因作物产业化发展都是不理性的表现。对于转基因作物产业化发展的争论不能僵持于浅层次的口水战中，而应将讨论的具体焦点逐步转向有关技术的具体研究与开发应用这些更细微的对话中①。我们还应正视的是：尽管科学的有用性得到了广泛接受，但也存在着不提升人类利益的可能性②，因为转基因作物产业化正受到各种各样利益团体的侵扰③。例如，转基因作物产业化与金融贸易相交织并正以跨国、多国合作的形式来影响各国竞争力的发展，这使得公共机构对该项技术的应用负载了科技主权、农贸效益等政治层面的诉求。一些转基因技术公司和种植主也在为自身成本——收益的目标而以不同声音来裹挟公共机构推动该技术的应用。科技专家们在掌握转基因作物技术知识的同时，也可能因私利的欲望而丧失其科研诚信，以至于不能如实地公布转基因作物技术的情况。媒体对相关信息的传播在内容、表达方式上都可能引起公众舆论，而转基因作物技术的安全性则是公众质疑的症结：公众尤其担心其对人体健康和环境会产生严重的负面影响。基于此类多因素的集合，转基因作物产业化决策逐步形成了公共决策伦理困境的争论热点。而在具体实践中，公众作为科学技术应用的重要对象，也明确提出要对影响他们福利与发展的技术实施有意义的控制。因此，不管是技术层面的安全问题，还是公共层面的决策问题，抑或是基于对政治经济利益以及整个社会影响的考虑，转基因作物产业化决策都应当尊重公众和公意，都应当明确公共决策的伦理性。由此，细致分析转基因作物产业化公共决策伦理困境具有重大现实意义。

---

① 参见〔美〕希拉·贾萨诺夫著，尚智丛译：《自然的设计——欧美的科学与民主》，上海交通大学出版社 2011 年版，第 33 页。

② Philip Kitcher. *Science, Truth, and Democracy*[M]. Oxford: Oxford University Press, 2001:33.

③ Ulrich Beck, *Risk Society: Towards a New Modernity*[M]. London: Sage, 1992:36.

在大科学时代，甚至是被莫兰称为"巨科学时代"的当下，技术应用问题与公共决策有着更为强大的联系。社会建构（A Social Institution）的性质越来越明显①。同时，行政事务中所包含的科技应用的公共决策问题亦逐渐增多。尤其是本书探讨的转基因作物产业化公共决策，其涉及层面非常广，如技术层面的安全与风险问题、国家竞争力层面的科技主权问题、粮食增产及农贸发展的经济利益问题等。不论是哪个层面的问题其对整个社会和公众的日常生活都具有非常大的影响。这就是决策学说中常提到的公共价值输出问题。这里的价值输出又聚焦在是一味追求转基因技术应用产业化带来的功利性结果还是坚守公共利益正当性的价值取向上。显然，这关乎功利和道义的抉择。因此，为避免决策错误，必须要考量公共决策的伦理性。这要求公共决策要严谨、有远见、保持诚信、公正及具备民主性。

公共决策伦理应当包含公正、公开与回应这些最基本的精神，这与技术认知、利益分配、民主商讨密切相关。尤其是在技术应用决策上，不仅要追求科学实在真理性，而且对技术知识如实、公开的告知也是十分重要的。公正是公共决策首先应当考虑的价值，就犹如真理是思想系统中的首要价值那般。公正是决策伦理的首要精神，这也是先贤罗尔斯一直秉持的核心论域②。同时，公正亦是整个社会秩序稳定的基本理念和准则。只有公正才能对公共决策所做出的价值分配给予伦理性的保证。而一项决策要获得公众的支持，就必须将决策内容公开，这是关键价值精神的体现。唯有公众对决策内容知情，才可能进一步对决策进行探讨，这将有利于公众对决策的理解以消除其"非理性的恐慌"③。同时，商讨与回应亦是非常重要的一环。公共决策本身就是基于公意做出的，其目的在于满足公众的真实需求，否则整个社会动荡的风险会陡增。由此看出，公开商讨回应是对公共决策伦理在程序民主层面的要求。

---

① 参见〔法〕埃德加·莫兰著，陈一壮译：《复杂思想：自觉的科学》，北京大学出版社 2001 年版，第 56 页。

② 参见〔美〕罗尔斯著，何怀宏等译：《正义论》，中国社会科学出版社 1988 年版，第 21 页。

③ Gostin L, Mann J. 1999. Toward the Development of a Human Rights Impact Assessment for the Formulation and Evaluation of Public Health Policies. In Mann J, Gruskin S, Grodin M, et al. *Health and Human Rights: A Reader*[M]. NewYork: Routledge:45.

如果说伦理学关注的是善，那么公共决策关注的则是公共的善。威廉·邓恩明确表示，对于一项公共政策的决策分析，要对其产生的动因、问题以及执行过程进行研究并保证其程序的民主正当。如果忽视决策的实质是为广大公众服务，那么这样的决策是不全面的。这就明确了公共决策要尊重公意①。公共决策伦理要重视事实判断与价值判断的融合，要分辨善恶、分析动机、分清其所保护的利益以及哪些价值应优先等基本伦理问题。如果不明确这些问题，那么所制定的公共政策就很难保证公共利益和整个社会的善治②。德国学者费希特也基于伦理学的视角指出，所有伦理的目的都是为了人类福祉的改善③，而技术研发应用的动因则来自于政治、经济、社会等各因素的促动。正因为如此，技术的研发应用也具有了与政治、经济、社会相交织的特征。也就是说，转基因作物产业化必然回避不了政策施行的"风险—收益"讨论④。由此，面对这一论域，公共决策伦理聚焦的问题又集中在了是实现整体人类的善还是追求眼下决策收益的分析上。这促使学界对转基因作物产业化公共决策伦理进行了思考并形成了一个颇具理论意义的研究主题。

转基因作物产业化是对转基因技术的应用，其所负载有经济价值、政治价值、社会价值等多维价值。从存在论的角度来看，转基因作物技术的本质是理论、数据等综合的科学知识，而从认识论的角度来看，人们对这些科学知识所形成的技术及其所达到的效用有一定的认同⑤。从价值论的角度来看，技术不仅可以转化为商品和生产力，从而具有经济价值，而且对于人类形成共同体而蕴含的精神和取向具有社会价值。由此，对技术应用有两个层面的内容更值得深思：一是技术本身是否可靠、是否蕴含不确定性风险；二是技术所负载的这些价值是否真的尊重了公众和公共利益。对于第一个层面的内容，我们应当承认，技术的确定性是人类一直追求的理想。但实际上，由于

① 参见〔美〕威廉·邓恩著，谢明等译：《公共政策分析导论》，中国人民大学出版社 2010 年版，第 65 页。

② 史军：《伦理学与公共管理》，气象出版社 2012 年版，第 20 页。

③ 参见〔德〕费希特著，梁志学、李理译：《伦理学体系》，商务印书馆 2014 年版，第 22 页。

④ 姜振寰：《技术哲学概论》，人民出版社 2009 年版，第 32 页。

⑤ 李瑞昌：《风险、技术与公共政策》，天津人民出版社 2006 年版，第 139 页。

技术本身的复杂性以及受外在客观世界影响导致的不确定性，我们只能是无限逼近其真理来获得其相对可靠性。值得注意的是，这恰恰提醒了我们对于技术应用更要重视获取这种相对而言的可靠性、确定性以保证技术应用的规范性与安全性。而对于第二个层面的内容，我们应当明确的是：技术的这些价值是由使用者来赋予的。也就是说，好结果还是坏结果取决于使用它的人的意图和目的。基于此，我们对技术运用更应秉持诚信、公正、民主精神以尊重人类安全并促进其福利[①]。

转基因作物技术的应用之路主要是商业化到产业化的应用，这还涉及科技与公共政策层面的问题，尤其是科学、技术与公共政策 STPP（Science, Technology and Public Policy）领域的相关理论。在本书中，我们将科学、技术与公共政策 STPP 的内容聚焦于科学技术带来的社会冲击层面的公共决策研究，以及对公共决策中科学家的角色研究，如专家参与形式、决策角色等方面的内容。科技专家对科学运用应当是科学的、真实的、可控制的，并且应该是尊重道德伦理的。只有这样才能为公共决策提供有益的见解，否则带来的可能是具有误导的内容，甚至是坏决策。

综上所述，转基因作物技术开启了应用之路，很自然地引起了公众—理论界—公共部门从不同的逻辑线索去反思伦理价值的问题。特别是学界针对转基因作物产业化公共决策伦理困境的研究，其与公共政策学、伦理学、科技哲学等理论交织成了新的研究热点。但是从整体上看，这些研究在成熟度方面还存在着一些不足。例如，要么单独从哲学伦理视角去研究生命、经济、政治的关系；要么从公共政策角度提出相关决策规制，但其有效性与操作性不够强；还有的研究仅从公众了解、理解转基因作物技术的角度进行问卷、访谈的调研。对这些问题还应进行更加深入的分析和探讨。总之，从现实来看，转基因作物技术与公共生活领域以及人类道德伦理问题密切联系在一起。同时，这也意味着转基因作物应用之路的开启，需要促使我们去思考人类共同面对的伦理道德问题并从中探寻解决之道。

[①]　刘柳：《转基因作物产业化的公共决策伦理问题》，《集美大学学报（哲学社会版）》2017 年第 1 期。

（二）转基因作物产业化的问题聚焦

众多文献认为，转基因作物产业化在研发、生产、销售和消费的链条中主要涉及科学家、发达国家、发展中国家、大型跨国转基因技术公司、中小转基因技术公司、生产者、销售者、消费者等多重主体的利益诉求和博弈。其中，科学家、发达国家、大型跨国公司、生产者、销售者是主要的受益者，而发展中国家、中小公司、消费者则受益甚微，甚至可以说是主要的风险承担者。这些主体由于夹杂着经济、文化、政治、价值取向等因素形成的合力，进而会对产业化决策形成不同程度的影响。这些主体按决策的逻辑，可大致划分为决策推动主体（受益者）与决策作用主体（风险承担者）。

科技专家作为决策推动主体之一，相对于普通大众对转基因作物技术的知识掌握更具优势，即他们对转基因作物技术在知识的预测、控制、补救或排除其有害性等层面更为了解。但正是因为他们对知识掌握有优势，反而很可能为了自身利益而做出或沉默或漂白技术风险性的行为。他们通过提出种种理由，说明这种选择优于其他选择，从而试图主导决策[1]，进而把专业研究当作谋利手段，甚至放弃公共关怀[2]。而利益相关的转基因技术公司、转基因产品生产者等这些相关推动主体，他们基于成本收益分析，渴望实现该技术带来的私利而成为了决策的游说者。这些主体在实现自我私利的同时，却又面临道德审判的风险[3]。公众则是受影响最大的作用主体，这涉及公共性和公共利益的问题。目前，公众对转基因作物技术一直有所质疑，担心其对人体环境有害而拒绝产业化决策。公共决策机构在面对转基因作物技术具有不确定性风险的情境下，既要考虑政治、经济层面带来的实效价值，又要考虑推动主体和作用主体的态度和利益，尤其是公共利益的获得，这样才符合善性。

综上，公共机构在面对生命价值、知情选择、平等、民主互动及社会公正等深层的伦理问题时应审慎考量，因为这样的逻辑点在于该公共决策是依

---

[1] 李正风、尹雪慧：《科学家应该如何参与决策》，《科学与社会》2012 年第 2 期。

[2] 杨立华、李晨、唐璐：《学者危机和学者身份重塑》，《公共管理与政策评论》2014 年第 4 期。

[3] 方卫华：《自我利益与社会规范：社会科学中的三次革命》，《学海》2006 年第 4 期。

据这些利益博弈综合考量而做出的。由此，也可挖掘出本研究所探讨的问题，即转基因作物产业化公共决策伦理的困境实质是什么、有何理论依据？同时，其在实际决策中又有哪些具体的问题焦点、如何尽可能消除争议达到满意共识？通过文献考察，转基因作物产业化公共决策伦理的困境实质体现的是效用与正义的问题。公共决策不能只考虑技术带来的效用，更要对广大的、受此影响深远的公众负责，以坚守公共决策的正义性。而决策的争议焦点问题主要集中在技术是否真实可靠、利益风险如何分配、是否符合程序等层面，蕴含了诚信、公正、民主的伦理价值问题。只有基于这些具体问题来进一步探讨转基因作物产业化公共决策伦理的践行，才能将抽象的伦理问题落到实处而不是束之高阁。以上便是本著作将聚焦探讨的问题。

（三）对转基因作物产业化决策蕴含伦理的理解

转基因作物产业化的实质是将该技术进行商业化生产，其蕴含的相关决策伦理需要我们更深层次地去分析理解。由于转基因作物产业化在技术层面具有不确定性，而在价值层面又面临高度争议，因此，这不单是科技决策而是公共决策，亦是本研究框架形成的基础。基于这些情况，理论界对此问题关注已久，然而直至目前也还未能停止争议、达成共识。由此，对此问题还需持续、深入地展开探讨。本研究用伦理学的思维方式来解释公共决策现象，是伦理学和政策科学的交叉研究，这也是目前学界较为提倡的一种研究。这种做法将有助于思考更深层次的公共决策问题。此外，这一研究方式还可以克服公共决策学过于注重定量方法的研究倾向，符合当下混合研究方法的出发点和目的，更有利于发展和完善公共决策伦理学的相关理论。

同时，从功利论、道义论及 STPP 等理论出发来分析转基因作物产业化公共决策的行为及价值取向，可发现涉及科技应用领域的公共决策实际上在很大程度上会基于科技专家这类知识精英主体、一些利益相关的决策推动主体以及公众这一决策作用主体的互动而表现出不同的决策行为和伦理精神。这可从理论层面更加深刻地揭示出一些充满冲突、互动博弈以及伦理性的问题。更为重要的是，在面对不确定性和不同的价值冲突时，公共机构应如何抉择？其是否还能坚守诚信、公正、民主等善性？也只有在此基础上通过深层分析，才能对公共决策伦理有更深刻的认识。

如何最大化增进转基因作物技术的应用带给人类福利，同时又避免诸如潜在的风险、不合伦理精神等负面效应，就成为了公共决策伦理实践中的一项重要课题。针对转基因作物产业化的种种不确定性，就更加需要全面地了解技术的知识原理、规律及其风险点等真实信息并采取相关规避措施。同时，一项公共决策是否为公众满意，可从伦理价值取向和效能水平两个维度衡量。其中，公共决策伦理是决定决策性质的基础要素，与效能水平具有直接相关性。尤其是转基因作物产业化公共决策涉及的利益层面十分复杂，其与人体健康、生态安全、科技主权、经济贸易等问题相互交织。为此，我们更应当遵循公共理性、民众本位和善治的价值标准。本研究之所以探寻公共决策伦理的困境及其根源，就是因为只有如此才能有的放矢地规范和落实公共决策伦理。

二、决策行动中的转基因作物产业化

自转基因作物技术的发展与应用成为一项议程而进入公共决策框架之时，社会科学研究者仅开始从不同视角对此问题展开深入研究。综观国内外相关研究成果，基本可以划分为 3 个层面的路径：一是对转基因作物产业化的困境、关涉价值进行探讨；二是采用伦理学中的应用伦理理论，尤其是关涉行政管理学科的决策伦理，从道义论、功利论等理论对公共决策科学进行详细探析；三是对科学、技术与公共政策学（Science，Technology and Public Policy，STPP），尤其是对转基因作物技术知识带来的社会冲击的公共决策研究，即对"科学技术知识—公共决策"进行的考察。下面主要就这三种路径对转基因作物产业化公共决策伦理问题进行更详细的归纳和总结，进而为本书的进一步分析、探讨奠定基础。

（一）转基因作物产业化公共决策研究路径

转基因作物主要是指利用基因工程将其他生物的遗传物质加入到原有作物的基因中，使其表达，从而形成具有期望品质的作物。该技术研发的原初目的是增加作物产量、提高其本身抗旱、抗寒及相关其他特性。目前，转基因作物的种类主要有大豆、玉米、棉花和油菜这几大类。转基因作物的支持者主要因其具有抗寒、抗旱、抗虫等能力，能满足粮食需求、提升经济发展，又能减少农药使用而利于环保等缘由而大力推崇。而反对者则表示，转基因作物的相关实验截至当前还未能完全证实其安全性。这些实验不具备真正的历时性，无法有效评估人类进食转基因作物及食品后所带来的潜在风险。反对者还表示：转基因技术与传统自然界育种不同，这可能会造成生态系统的"负担"，尤其是在户外种植转基因作物，作物技术的复杂性可能给人类带来灾难。

这只是转基因作物产业化公共决策在安全性层面的争论。早在 1996 年，学者 Macer Darry 就提出过这种安全观，并将这种安全性的问题划分为内在安全和外在安全。内在安全是指转基因作物是否跨物种是否属于自然这类问题，而人体健康、环境安全这类问题则被视为外在安全问题。上述的转基因作物产业化决策困境就包括了这种内在和外在的安全观的担忧。我们尤其要高度重视对转基因作物进行不确定性因素的防控，而且要在其进入市场前对其进行严格审批并进行全过程的监控管理，力求避免风险的发生。

近年，国内外关于转基因作物产业化的研究均有较多成果。自然科学领域的研究者把目光聚焦在讨论技术本身的效用性、安全性、应用性层面，社会科学领域的研究者则把注意力放在转基因作物产业化带来的社会、政治、经济影响的层面。而转基因作物产业化决策困境的论域在学界的讨论主要关涉四大块研究：一是哲学伦理领域。这一领域主要讨论的是转基因作物技术实践应用后在政治、经济、社会、生态等层面所蕴含的风险、价值和意义。

其中，对该项技术发展的"伦理问题"讨论尤为激烈[①]。二是法规领域。该领域的议题主要集中在转基因作物及其制成产品的标识政策与法规建设等问题层面[②]。学者们的基本共识在于为转基因作物技术专利及其产品标识提供法理保障。三是经管与贸易领域。这一论域以经济管理学与国际贸易学为理论指导，主要分析了转基因作物发展的贸易政策战略目标问题[③]。这一问题的探讨又以实证研究路径为主，以明确该项技术应用是否真的能够达到预期目标。四是政治与公共决策领域。转基因作物产业化发展上有何种具体安排措施、决策的动机与思维、政策导向以及这些决策会产生怎样的社会影响是该学科的主要关注内容。上述这些国内外的研究成果以论文形式居多，著作较少，即便有部分相关专著对此进行了分析，也仍是以对基因工程、转基因生物、转基因动物的发展状况梳理这样较为宽泛的主题为主。同时，这些著作多采取的是以事实报道为基础来进行观点评论的写作风格。即便如此，这些成果仍然对本书在科技哲学、伦理学、公共决策学的交叉分析上有十分重要的启示作用。本书所探讨的内容主要聚焦在公共决策伦理问题路径层面。下面，笔者将对本书所关涉的决策困境、伦理问题、态度倾向等相关问题的路径进行梳理。

1. 转基因作物产业化的困境研究

一是技术层面的困境。转基因作物产业化是针对转基因作物技术商业化应用进行的决策，而有关这项技术的研发状况、发展前景及社会影响等方面的信息对于决策主体来说尤为重要，因为掌握真实、可靠、透彻的信息是影响公共决策的基础因素。

因此，有必要了解清楚转基因作物技术的实质原理。目前，对于转基因作物技术的定义大都是从遗传修饰的角度来定义的。科学家们将人工分离和修饰过的基因导入到生物体基因组中，这种通过基于导入基因的表达而引

---

① 参见潘建红：《转基因作物的风险与伦理评价》，《北京科技大学学报（社会科学版）》2009 年第 2 期。

② 参见刘旭霞、欧阳邓亚：《日本转基因食品安全法律制度对我国的启示》，《法治研究》2009 年第 7 期。

③ 参见马述忠：《试论我国转基因农产品贸易政策目标的选择》，《国际商务研究》2003 年第 3 期。

起生物体性状的可遗传修饰的技术被称为转基因作物技术，而经转基因技术修饰的生物体则称为遗传修饰过的生物体（Genetically Modified Organism, GMO）。

从这一定义可看出，转基因技术子生物学的方法将第一宿主体内的目的基因转移到了第二宿主体内，使得这一目的基因在第二宿主体内表达出其特有的性状和功能。这一分子水平的操作已经可以突破天然物种之间的生殖屏障。从某种意义上讲，转基因技术正在挑战自然界的固有秩序和规律。基于这样的技术状况会带来技术层面的不确定性的困境，而这种困境产生的原因主要有两方面：其一是因为转基因技术从基因分离、转入到其自身的生长都具有复杂性，而且仅通过现有的操作和实验并不能完全得到各个环节可能存在风险的发生概率判断；其二是因为转基因技术实施的时间较短，观察研究的时间也较短。因此，在历时性短的情况下，其潜在的风险往往带有不可预期性，而这种不可预期又会引发不可控制性。概括来说，就是转基因作物产业化决策在风险的发端具有模糊性、在决策的内容层面具有复杂性，而在决策后果层面又具有不确定性，加之人们对决策的道德合法性争论不止，因此，种种因素的综合便造成了转基因作物产业化决策伦理的这种困境。

面对技术层面的决策困境，作为决策参与主体的科技专家应正视技术上目前未能达到的完全可知性。同时，对于可相对确定的技术操作、步骤等相关技术情况也应谨慎应用，力求避免风险[1]。换言之，在现有条件下，即使科技专家不能完全掌握转基因技术的全部信息，但其应对已知的不安全的信息做好预防，做诚实的决策献计者。除了要考虑技术应用能带来的技术红利，我们也应反向思考——任何技术都可能存在风险性。针对这种客观的属性，我们不能只一味追求技术红利，更要思考预防技术所蕴含的潜在的风险。正如贝尔纳所言，科学技术的总效果之一便是可以明确已知的祸患并积极预防[2]。这恰恰为转基因作物产业化技术层面的困境提出了一个很好的思路：虽

---

[1]　参见程国斌：《人类基因干预技术伦理研究》，中国社会科学出版社 2012 年版，第 34 页。
[2]　参见〔英〕贝尔纳著，陈体芳译：《科学的社会功能》，广西师范大学出版社 2003 年版，第 78 页。

然未能完全认知其不确定性，但对已认知到的风险要积极应对。只有在无害的基础上才能进一步追求有利效应，否则，转基因作物产业化只能沦为部分利益获得者的逐利工具，而对公众而言，却并无增进其福祉的意义。

二是公众能否接受该项技术的困境。目前公众对转基因产业化的态度主要表现为质疑且并不乐于接受。公众担心转基因作物技术产业化存在的潜在风险会危及人体健康和生态环境。此外，这些质疑和担忧更上升为对科技专家和公共决策机构的不信任情绪。这些因素在一定程度上导致了公众的拒绝态度。近年来，更有学者对网络争议文本进行了计量分析，发现公众对转基因作物产业化争议的主题集中在以下3个方面：人体健康、环境风险主题；参与资格与知情主题；参与主体的利益追逐主题。这些主题争议可细化为一系列的具体问题。例如，颁布安全证书的转基因作物就一定安全吗？安全性评价主体都以科技专家为主，科技专家会不会基于自身利益而漂白真实信息？转基因作物产业化能获得何种效用？这些效用都是积极的吗？这些问题都加剧了公众对转基因作物产业化的敏感[1]。然而，即便存在这些疑问，真正有关转基因作物技术的核心信息的公布却依然显得不足[2]。所以，公众对转基因作物产业化决策的不接受存在一定的合理成分。同时，这也说明了越是涉及复杂决策的问题，就更应让决策影响最大的受众——公众，使其能够参与其中以保证民主性和接受度。此外，当专家作为智库却不能提供有效的方案咨询时，公众作为扩大的科学共同体则可较好地完成决策商议并逐步跳出思维僵局并扮演提供新鲜视角及观点的角色[3]。因此，解决好公众参与的困境，是影响转基因作物产业化发展的重要因素。

三是公共行政机构如何做出决策的困境。公共行政机构对转基因产业化

① George Gaskell, Martin W Bauer, John Durant. et, al. Words Apart? The reception of Genetically Modified Foods in Europe and the U.S. [J]. *Science*, 1999.:67.

② Claire Mcinemey, Nroa Bird, Mary Nucci. The flow of Scientific Knowledge from Lab to the Lay Public [J].*Science communication*, 2004:45.

③ S. Funtowiezi, J. Ravetzi. Uncertainty, Complexity and Post-Nomal Science [J]. *Environment toxicology and chemistry*, 1994, 13(12): 1881-1885.

进行决策的主要困境体现在以下几个方面。

（1）安全评价过于单一。目前采用的安全评价原则是国际通用的"实质等同性安全评价"原则。这种评价原则只是从产品的角度去控制、从成分的比对去获得相对安全性。其他具体的实验和检测亦遵循这一原则进行，这确实存在安全评价过于单一的情形。2016 年 7 月，美国通过了对转基因作物及产品全面强制标识的法案，这在一定程度上否定了"实质等同"这一安全评价原则。由此，公众对转基因作物的安全性仍有疑问，在心理和态度上都不能完全接受，这也是可以理解的。因此，对于这项技术的应用决策不能强行推行，而应将决策思维转换到如何进一步提升安全评价的实验方法上，以期让公众放心接受这项技术的商业化应用。

（2）可能失去技术红利。谁控制了粮食，谁就控制了人，这是美国前国务卿亨利·基辛格的名言。如果不进行转基因作物技术的进一步研发和产业化推广，很可能在核心专利技术和粮食贸易层面就会受制于其他国家，从而失去技术应用带来的红利。这种关涉科技主权和农贸发展的问题也是公共决策的困境。但我们也应正视的一点在于转基因作物产业化能否真正带来福利。这不仅取决于转基因技术本身，更多还依赖于人类自己的把握，即摆正动机、拿出科学方案再推行产业化决策[1]。因此，在转基因作物产业化推行的态势上，决策主体应当听取最科学聪慧的建议，而不是听取宣扬得最多的建议[2]。由此，转基因作物产业化决策应该更大程度以科学、安全、公共利益底线考虑为基础，而不是只出于政治与经济的考量[3]。

（3）决策游说及利益寻租。对于转基因作物产业化发展，相关决策推动者基于种种利益，很可能会对最终做出决策的公共部门进行游说，甚至是利益贿赂。面对诸如科技专家、转基因技术生物公司、种植主等这些利益相关

---

[1]　柴卫东:《生化超限战——转基因食品和疫苗的阴谋》，中国发展出版社 2012 年版，第 89 页。

[2]　参见〔美〕杰弗里·史密斯著，高伟、林文华译:《种子的欺骗——揭露美国政府和转基因工业的欺骗》，江苏人民出版社 2011 年版，第 23 页。

[3]　参见〔法〕玛丽—莫妮克·罗宾著，吴燕译:《孟山都眼中的世界——转基因神话及其破产》，上海交通出版社 2009 年版，第 44 页。

的决策推动者的游说，公共决策机构该如何坚守住正义和善，而不进行利益寻租，这也是公共机构面临的决策困境。转基因作物进行产业化的决策过程，涉及科研阶段、终试阶段等阶段，这些阶段都应由公共机构做出可靠负责的审查批复行为。而对这些相关审查信息的收集、管理、储存、共享及所有权问题都应该有严格的规定和相关监督[①]，以力求避免利益寻租及权力滥用。由此，公共决策伦理应明确：技术层面的评议要真实，这是避免被游说的前提[②]；对公众信息公开及科普工作要到位，这样才能让公众也参与决策并对决策进行监督[③]；公共行政机构自身要自律，要秉持公正、道义来行使决策职能而不应被经济诱因或相关利益集团驱使以致做出非善性的决策[④]。

2. 转基因作物产业化关涉的伦理价值研究

学者们早已敏锐地关注到了转基因作物产业化的价值取向和应用伦理问题。伦理困境产生的根源在于未知风险发生的可能性。同时，这种未知的风险带有不可计算、不可控制以及不可预测的特性，并从技术层面联动到整个社会层面。这些风险与社会人为因素相交织，与决策和行为后果紧密联系。由此，只要科技一渗透到社会环境中，就不得不考虑伦理问题[⑤]。目前，对转基因作物产业化问题的伦理讨论，众多学者将目光集中在不伤害原则、尊重原则、协商原则、预防原则等基本伦理原则上，这是非常有意义的探讨，有助于缓解公众忧虑，亦有助于公共部门对这项决策反思。学者刘大椿更明确指出，科技虽然具有相对的价值独立性，但还表现为对可操作性、有效性、善性等特定价值取向的追求上[⑥]。

---

① 参见〔美〕弗朗西斯·麦卡伦那著，何鸣鸿译：《科研诚信》，高等教育出版社2011年版，第67页。

② 参加〔美〕希拉·贾萨诺夫著，陈光译：《第五部门——当科学顾问成为政策制定者》，上海交通大学出版社2011年版，第90页。

③ 参见杨青平：《转基因解析》，河南人民出版社2014年版，第66页。

④ 参见〔美〕希拉·贾萨诺夫著，盛晓明译：《科学技术论手册》，北京理工大学出版社2004年版，第12页。

⑤ 参见〔法〕奥特弗里德·赫费著，邓安庆、朱更生译：《作为现代化之代价的道德》，上海世纪出版集团2005年版，第24页。

⑥ 参见刘大椿：《科学技术哲学导论》，中国人民大学出版社2005年版，第26页。

　　由此，在看到转基因作物产业化能够带来技术效益的同时，我们还要防止其带来的有害影响①，尤其是当转基因作物技术应用集中于农业领域时。而农业是国民经济的基础产业、经济发展重要的物质基础，也是高新技术应用最广阔的领域。这意味着我们更应正视并重视技术本身的风险以及其给人类健康和自然安全、社会影响层面的利益分配问题等带来的挑战。同时，由于农业转基因技术具有联级的特殊性，例如，农作物在种植生长过程中，可能会影响其周边环境的其他生物（昆虫、亲缘植物），其所产的作物、饲料会影响人类、动物并通过食物链串联起来，因此，如果这些风险一旦被现实化，在现有的科学水平下进行治理就会比较困难。

　　因此，分析转基因作物产业化的公共决策伦理是十分必要的。人类作为文明、灵长类的高贵所在，恰恰就在于对善及道德伦理的辨认②。因此，当涉及技术应用领域的决策时，就应当公开包括专家同行间的评议、成果发布、临床试验等全部信息，这样才能平衡好利害关系，也才能进一步讨论转基因作物技术产业化是否合乎伦理。尤其是在技术层面不确定性的客观存在下以及价值理念出现分歧和争议之时，更应考虑伦理性和真理性的决策评价。

　　此外，转基因作物产业化公共决策的主体具有广泛性，它包括公共机构、专家、公众、生产者与销售者、非政府组织、媒体等不同的利益主体。而良性的公共决策恰恰就需要不同利益主体的代表参与到转基因作物的研发与产业化方案讨论之中，并通过对话来解决转基因作物产业化面临的各种问题，包括商讨如何协调不同利益主体的利益冲突、如何评估决策的科学性及方案等内容。这样才有可能化解矛盾，消除冲突，平衡利益，从而实现转基因作物产业化的善治③。

　　而对转基因作物产业化公共决策伦理的研究则可从伦理审查、伦理交流、

① 参见〔瑞士〕海尔格·诺沃特尼等著，冷民等译：《反思科学》，上海交通大学出版社2011年版，第45页。
② 参见〔古希腊〕亚里士多德著，吴寿彭译：《政治学》，商务印书馆1965年版，第43页。
③ 参见毛新志、任思思：《转基因作物产业化伦理治理的特质初探》，《华中科技大学学报（社会科学版）》2012年第3期。

伦理评价等层面入手。首先，应着眼于其所面对的问题，这可称为"描述任务"，也可称为第一阶段。这个阶段主要是对问题进行尽可能详细的描述，如观点和立场、事件过程等。而第二个阶段则是"定义伦理问题"，即面对不同的伦理准则或价值观表现出冲突的局面时该如何处理。这一阶段是十分不易的，因为该阶段涉及伦理分析技巧、伦理自主性和最终的伦理认同，而这些因素只有在综合思考和参与过程中才能形成。第三阶段是"界分可替代的行为过程"，这个阶段更为困难，因为要避免"非此即彼"的二元论倾向来看待可替代的行动方案。第四阶段是"设想可能的后果"，这个阶段主要是设想每一种替代方案的积极或消极的后果，这是合理而规范的决策过程的主要推动力。第五阶段是"寻找最合适"的阶段。这一阶段主要是通过考虑道德规则，以自问的方式来系统思考方案中可能存在的问题，并将不好的结果发生的可能性降低到最小[①]。通过伦理审查、思考转基因作物产业化的关键争议性问题，可以有效提升方案的科学性和接受性

3. 关于转基因作物产业化公共决策态度视角的研究

如果对转基因作物产业化宏观看待，比如从社会、经济、政治层面的视角来看，这方面的研究主要涉及技术本身及管理的标识、农业竞争力、贸易、专利等问题。这些层面其实是关于转基因作物产业化政策倾向、政策内容的研究。经查阅，众多文献中，在有关转基因作物产业化的政策导向研究上，肖显静教授按态度逻辑大致将其分为鼓励式、允许式以及禁止式这 3 种主要模式，并基于这些态度进一步探析了有关转基因作物产业化发展的具体思想以及政策内容[②]。学者王旭静则聚焦于我国国情的具体情境，阐释了国外转基因作物的发展实况，并在此基础上对中国转基因农作物发展所具有的"战略意义"进行了分析[③]。杨印生认为，我国转基因作物应坚持"不鼓

---

① 参见〔美〕特里 ·L.库珀著，张秀琴译：《行政伦理学：实现行政责任的途径》，中国人民大学出版社 2001 年版，第 61 页。

② 肖显静、陆群峰：《国家农业转基因生物安全政策合理性分析》，《公共管理学报》2008 年第 1 期。

③ 王旭静、贾士荣：《国内外转基因作物产业化的比较》，《生物工程学报》2008 年第 4 期。

励、不抵制、适当发展"的原则，尤其是当看到欧美对此技术的不同态度和管理时，更应对转基因作物技术采取宽容而理性的态度，使其有恰当的发展空间[①]。

表1—1体现的是王宇、沈文星两位学者在上述几种基本的政策态度、政策内容层面的基础上又进行的对投入、安全检查、标注制度、贸易制度、专利制度的分析。

表1—1 转基因作物产业化主要政策态度表

类型	公共投资	生物安全	食品安全	国际贸易	知识产权
促进型	优先发展大力投入	不做额外的安全评价	不要求标注	不受检测制度额外限制	专利保护
认可型	投入于已有技术的研发	以产品成分检测为标准	不太严格的标签制度	不太严格的检测标准	实行新品种保护制度
禁止型	没有制定优先发展策略	严格的安全审批制度	贴警示标签或禁止上市	不进口转基因作物产品	在产权方面未过多涉及

资料来源：王宇、沈文星：《国内外转基因作物发展状况比较分析》，《江苏农业科学》2014年第6期。

在对概况进行分析后，下面我们有必要再对美国、阿根廷、欧盟的转基因作物产业化政策模式进行梳理，以便更好认识相关公共部门所履行的职责及价值取向。之所以选取这3个国家为样本，是因为这3个国家的政策具有代表性，且大致对应了积极促进型、预警推进型、全面禁止型这3种在对待转基因农作物产业化政策上的态度倾向。这将为本书随后探讨转基因作物产业化的相关政策态度的章节内容研究提供了基础。

对于转基因作物及其产品，美国的管理政策最为宽松，其审批许可制度只针对转基因作物本身及相关产品，并不控制转基因作物的生产过程。客观来说，这种管理方式可减少对产品进出口及环境释放的限制，有利于转基因产品的成果转化。这也可理解为美国在政策上、管理上对转基因作物产业化

[①] 杨印生等：《美国、欧盟、日本对转基因作物的态度与政策比较及对我国的启示》，《生态经济》2008年第7期。

进行的有力支撑。在 2016 年转基因作物强制标注法案颁布以前，美国食品和药品管理局（FDA）明确规定，对于来源于转基因作物的食品与来源于传统作物的食品在管理方法上保持一致。并且，美国 FDA 不要求对转基因食品（GMF）加贴标签，并将其规定为公司的自愿行为，同时在公司自愿的基础上审查与公共健康和安全有关的问题。随着美国转基因标识法的颁布，FDA 明确了对转基因食品管理以及对传统作物及产品的管理应有不同。尽管法案的颁布在一定程度上表明了对转基因作物及其产品需要进行标识式的管理，但美国在对于转基因作物产业化的态度上仍表现得较为积极。在法案颁布后，美国国家科学院宣布转基因作物经系列实验后可安全食用①。美国国家科学院的这一行为所透露的逻辑是：转基因作物及产品还是安全的。因此，对其进行标注以保障广大消费者自由选择购买的权利是更完善的管理制度的表现。由此可见，对于转基因作物产业化的发展，美国总体依然秉持着积极促进的政策和态度导向。

阿根廷对转基因作物产业化的态度深受美国影响。总体来说，阿根廷政府对转基因作物产业化是认可的，但在具体管理上又表现得较为谨慎。例如，阿根廷政府与本国种子协会签署了协议，内容是以发现问题解决问题为主要目标的工作计划②。阿根廷农业部针对转基因作物产业化还设立了生物技术指导局，专门负责集中所有生物技术活动和信息。指导局的具体职责和内容则集中在生物安全问题、政策分析以及管理方案这三大块上③。

曾有新闻称阿根廷被转基因作物技术毁掉了，但截至目前，从阿根廷生物技术信息和发展委员会发布的官方报道来看，阿根廷在对转基因作物进行技术监管、在与农户、公众的沟通方面仍处于正常运行状态。这说明，阿根廷发展转基因作物技术与其国情是相适应的。

对转基因作物及其产品管理较为严格甚至几乎持禁止态度的地区主要集

---

① 健堂：《转基因作物宣布无害你还敢吃吗？》，搜狐网，http://mt.sohu.com/20160522/n450826142.shtml.

② 参见《阿根廷农业技术年报 2011》，《生物技术进展》2012 年第 4 期。

③ 参见《阿根廷种植转基因作物 15 年经济影响》，《中国生物工程杂志》2011 年第 12 期。

中在欧盟各国。因此，它也拥有复杂的转基因产品审批程序。这些程序主要
以管理转基因产品的生产过程为核心，即严格控制转基因产品的生产研制过
程及环境释放过程。与美国采取的政策态度截然不同，欧盟认为，只控制转
基因的产品本身难以保证其安全性。只有从源头开始进行全过程的监管，才
能把转基因产品可能产生的危害控制在最小范围内。欧盟全过程管理政策的
思想在于：其由转基因作物技术所制造出来的食品，其方法在本质上与非转
基因作物食品有区别。因此，无论何种类别的转基因食品都必须受到严格的
管制，并且应从整个产业化链条中的研发、种植、生产加工、市场流通、消
费和质量控制这最主要的六大环节进行安全管理[①]。

从对这些政策态度的研究可以看出，各国对转基因作物产业化决策的倾
向各有不同。对转基因作物产业化的决策态度与公众对转基因作物产业化的
信任度、接受度有一定的关联性，尤其是公共机构对于风险、利益的决策态
度会直接影响公众对转基因作物产业化的信任与接受[②]。因此，基本的政策态
度定位是形成后续决策的前提，这也是值得公共机构应进一步思考的问题。

（二）应用伦理学视野下对转基因作物技术应用的阐述

从功利论（utilitarianism）的实质来看，于 19 世纪初在英国形成的功利
论是西方规范伦理学的一种基本理论形态。学者边沁与密尔是该理论的代表
人物。随着时间的推移，功利论发展出了不同的流派，但这些流派的共同
之处则在于以结果是否带来利益为标准来衡量其行为是否合乎善的伦理道德
性[③]。推行转基因作物产业化发展正是源于效用功利的目的。转基因作物技术
的研发，源于日常农业实践活动中人对增产、抗虫、抗草等农作物的种植需

---

① 付仲文、寇建平、田志宏：《安全视角下我国转基因种子产业化发展分析》，《南京农业大学学报》
　2014 年第 3 期。

② Lucia Savadori, Stefania Savio, Eraldo Nicotr, et al. Experts and Public Perception of Risk from
　Biotechnology [J]. *Risk Analysis*, 2004 (5):24.

③ 〔英〕边沁著，时殷弘译：《道德与立法原理导论》，商务印书馆 2000 年版，第 28 页。

求，而这又恰恰建立起了科技应用的效果与人类功利需求的关系。反过来，科技应用的践行活动又对人类社会的生产——即功利主义常谈的获得"幸福"的内在动力性形成了效用价值。同时，功利主义认为：最大化的利益应是各成员利益组成的总和。也就是说，当公共决策增大幸福的倾向大于它减少这一幸福的倾向时，就合乎功利原理。由此，可以挖掘出公共决策伦理的理论基础源于功利主义认为的满足多数人的最大幸福这一观点，即公共决策的目的应当是提高公众效用的享有性。从多数人的幸福出发而致力于公共幸福也必然满足个人的利益①，这正是转基因作物技术研发后要实施推广的伦理性逻辑得到辩护的缘由，即实施产业化发展才能让"幸福"最大化。

从功利论的道德支撑点来看，功利主义认为，幸福是指快乐和免除痛苦，这是值得欲求的目的。而之所以值得欲求的逻辑则在于它们是增进快乐避免痛苦的手段。同时，密尔强调，构成功利主义的幸福内涵不是单一的幸福，而是受功利行为影响的一切相关者的幸福总和②。转基因作物技术作为一项科技而言，其具有的功利价值是通过应用形成物质生产力而实现的，其研发应用根源于人类的需求：只要能免除人的"痛苦"而带来"幸福"，转基因作物技术的功利性就可体现为正面的价值③，也就具备了道德支撑点。要证明这种伦理的合理性就必须诉诸事实，而唯一可能的事实证据就是人们确实在欲求所值得的幸福，这种幸福能延伸为所有人的集体的善。这也揭示了功利主义能构成部分公共性伦理标准的缘由。由此，转基因作物产业化所体现的这种功利主义更加注重考量技术应用所能带来的红利，并注重于增大这种效果，甚至期望将其普及到整个社会以形成公共幸福。这就为转基因作物产业化公共决策伦理的问题研究提供了理论基础和逻辑起点。

从道义论的内涵来看，道义论寻求客观、终极或绝对的标准以评价人类行为的道德性，且其并不以行为的结果来评判。道义论集中于道德动机的评判作为其是否合乎伦理的依据。美国学者弗兰克纳也曾指出，道义论主张依

---

① 〔美〕弗兰克著，何意译：《伦理学导论》，广西师范大学出版社 2002 年版，第 26 页。

② 〔英〕约翰·密尔著，徐大建译：《功利主义》，上海人民出版社 2008 年版，第 76 页。

③ 参见郭于华：《透视转基因：一项人类学视角的探索》，《中国社会科学》2004 年第 5 期。

据行为本身而不是其所实现的价值来评判其正当性[①]。经典道义论亦认为，对道德伦理的评价最终要依赖于对一系列行为的评判，而行为的正当与否则要看此行为本身固有的特性及准则的性质[②]。转基因作物产业化所涉及的道义论是指随着科技的发展和科技应用与社会互动的增多，科技本身亦会随之社会化，这就带来了转基因作物技术研发的动机具有何种价值规范的探讨，而这就是道义论所强调的动机道德[③]。也就是说，转基因作物产业化的正当性在于该技术的诞生背景应与其推广的形式要与道德原则相符，这其实是对转基因作物产业化公共决策在道德义务层面上做出了明确的规定。例如，学者万俊人认为，道义论是以整体利益及公正分配为道德考量的目标，道义论对行为评论的实质在于其内在的道德意愿[④]。事实上，这正是转基因作物产业化公共决策目前要积极探寻的问题，即技术层面安全底线的道德伦理问题以及公众意愿上接受该技术产业化发展的伦理规范的落实问题。

从道义论的逻辑来看，道义论依赖于理性、善良意志（Good Will，简称善志）而建立。康德认为，理性是道德理论的本质，而善志是一种无条件的善，是一种依照道德要求去选择值得称赞的行为的自我意识倾向，即善志应当是源于自发涌动的意愿。这恰恰是转基因作物技术被赋予必须追寻生命价值、探寻终极伦理问题的依据，即该技术在实施产业化公共决策时应具备善的意志[⑤]。比如，转基因农作物产业化如果是以解决饥饿为出发点，那么它是符合道德的目标的，否则其就在动机上脱离了正当精神。

从道义论的实践路径来看，道义论秉持的善志衍生出的道德价值之一就是责任。出于责任的行为才具有道德价值，这意味着行为的动机决定着行为的伦理性。同时，所谓的伦理道德，其价值就在于能够引导善的行为。转基因作物产业化是一种应用权衡，是科技—社会在伦理层面的结合和践行。强

---

① 参见〔美〕威廉·弗兰克纳著，黄伟合等译:《善的求索——道德哲学导论》，辽宁人民出版社1987年版，第36页。

② 参见何怀宏:《伦理学是什么》，北京大学出版社2002年版，第16页。

③ 参见米丹:《科技价值体系研究》，《理论与实践》2003年第5期。

④ 参见万俊人:《论道德目的论与伦理义务论》，《学术月刊》2003年第1期。

⑤ 参见曾北危:《转基因生物安全》，化学工业出版社2004年版，第61页。

调善的动机并限制不当的欲望行为，是责任伦理的核心——"道"的体现。正是基于这样的思考，转基因作物产业化公共决策必须是出于责任而为的意志，也必须是尊重人并以正义来"率情制欲"[1]的。

从公共决策伦理的视野来看，所谓公共决策伦理，是指公共决策行为中应当遵循的一套道德和规则，它是调控各主体决策博弈行为的基本道德准则和价值理念，尤其是针对政府及公职人员这些社会化的角色。公正决策伦理将对他们的决策形成一种制度约束与德性激励，使其尽力做到"责、权"的统一。公共决策伦理还与国家行政机构实质息息相关：只有深刻认识国家行政机构的实质，才能正确认识公共决策伦理的问题。国家行政机构是用来管理社会事务的组织机构，其应当按照伦理、法治等规范制定政策。符合伦理就是要求公共机构在管理社会事务时要站在最高境界的道德上去处理公共事务，考虑最广泛的公共利益，即亚里士多德的"至善"观点。符合法治是要求管理社会事务的过程应当是一个立法、守法及执法过程，这样才符合程序性、民主性、正当性。

政策的接受性也是衡量公共决策伦理是否恰当的一个指标，这主要关涉两个层面的问题：一方面是政策内容是否合乎公众的意愿或者是预期；另一方面则是政策商讨、公开、颁布的流程，公众应知悉并参与。从政策是否合乎公众意愿的角度来看，公众对于政策内容所带来的利益的满意程度是有所不同的，即对政策内容满意的公众往往持支持态度，而那些对政策内容不是非常满意的人们往往对政策持消极态度[2]。学者库珀还认为公共决策伦理蕴含在对行政精神和价值排序的决策运行过程中，这指明了公共决策具有价值优先性等问题。虽然价值具有排序性，但在任何情境下都应考虑到公众，即公共决策应庇护所有群体的利益而不是某部分人的利益[3]。萨缪尔森从决策动机角度指出，公共决策不能只看到机会和利润，而要打破机会、利润、过热、

---

① 参见 Stephen..*GM Corps: Ethical Issues*[M].London:Zed Book Ltd,1999:36.

② 参见胡象明：《政策与行政——过程及其理论》，北京大学出版社 2008 年版，第 63 页。

③ 参见〔美〕特里·L. 库伯：《行政伦理学手册》，马塞·得克公司 1994 年版，第 27 页。

投机、危机、资金枯竭等循环危机以形成良性决策①。因此，转基因作物产业化公共决策突出的应当是善、正当、审慎的伦理。这是针对转基因作物技术能否被接受、能否为其后果负责的情境下公共决策应尽可能满足公众意愿而对公共决策行为进行控制的规范②。

此外，伦理学产生于思考道德问题的情境中，其本质是要达到善。不论是西方的苏格拉底、柏拉图、亚里士多德这些先贤们对伦理道德进行的传播，还是麦金太尔、西季维克、弗兰克纳等认为伦理中的核心要素是社会正义的制约力，学者们共同的关注点却是伦理对困境的调节、规范作用，即"应该"的问题，这是从伦理应然层面对公共决策进行的考量。本研究的转基因作物产业化公共决策伦理恰恰属于应用伦理学，同时还聚焦了公共决策领域的政治德性现象，更具实践性与交叉性特征。本研究还可对应为两个层次的伦理：第一个层次是观念上的伦理，即转基因作物产业化公共决策所探寻的伦理的观念集合。第二个层次是伦理规范层次，即能切实让诚信、公正、民主这些公共决策伦理得以践行，这是外围层次的伦理③。

我们还应从决策学的研究路径来追溯公共决策伦理，以便对本研究作出更为系统的把握。决策学在 20 世纪 40 年代兴起，时至当下，决策的内涵、过程、分类及其所蕴含的规范践行等层面都有了丰富的理论成果。从这些方面进行文献追踪，将有助于深入分析公共决策伦理理论及践行。

从决策内涵来说，学者们对此明确达成了共识，即政策关乎社会公共利益，对公众的日常生活具有非常大的影响力。这与本研究探寻的公共决策伦理具有直接相关性。以阿奎那和康德为代表的决策义务论认为，决策要符合行为规则的可知性、规范性，这就明确了对于转基因作物产业化公共决策来说，若其技术层面的不确定性致使其负载的利益动机发生异化，就意味着产

---

① 参见〔美〕保罗·萨缪尔森、诺德豪斯著，萧琛译：《宏观经济学》，人民邮电出版社 2008 年版，第 26 页。

② 参见马越：《转基因作物技术风险伦理》，《伦理学研究》2015 年第 3 期。

③ 参见张永强、姚立根：《基因工程伦理学》，高等教育出版社 2014 年版，第 15 页。

业化推行是不能做的"恶"①。恰恰是基于这种情境，公共部门需要明确公共决策伦理道德以落实善性精神。

同时，种种境遇下的公共决策所面临的价值取向也具有多重性。在不同境遇下，何种方案才具有公共性和善性，这涉及相关公共机构所遵循的伦理标准。舍勒认为，价值抉择的等级秩序是存在的，这也是伦理多元化的体现。学者舍勒以经验的逻辑，将价值层层递进为5种类型——感官价值、实用价值、生命价值、精神价值与神圣价值②。其中，感官价值可大致理解为直接性、感受性的价值，而实用价值、生命价值以及精神价值与我们日常理解的相对应的价值具有较为一致的意涵，在此不过多进行阐释。神圣价值则意指宗教信仰中赋予的崇拜感和谦逊感。学者黑尔则以直观的层次和批判的层次这两种道德逻辑来区分价值以进一步明晰该问题：直观层次可大致理解为思想、情绪上的道德倾向，而批判的层次则更多涉及行为上的伦理分析。卢梭认为，最崇高神圣的价值在于秩序价值，这样的社会秩序是其他一切权利的基础③。因为只有明确合法的社会秩序才能凸显公共性和公共利益问题。贝尔认为，人类社会具有一定的结构，其分别蕴含着技术、政治、经济及文化等主要结构从而形成社会体。结构的支撑需要相应的一套价值体系来维持运作，在每一种结构中又都有它的轴心价值④。这些学者的思想资源为我们正确回答因何要遵守公共决策伦理以及如何进行价值排序等问题奠定了理论依据。

有学者则聚焦于过程的视角，认为对决策伦理可做4个方面的分析：一是决策伦理认知，即感知到决策情境存在伦理选择；二是决策伦理判断，即对所形成的方案进行价值道德层面的预估；三是决策伦理意图或决策动机，即主体倾向于做出何种行为；四是决策伦理具体行为，即对方案开始实施，从外

---

① 参见 Lewis,C.W. *The Ethics Challenge in Public Service: A Problem-Solving Guide*[M]. San Francisco: Jossey-Bass,1991:25.

② 参见〔德〕舍勒著，林克译：《舍勒选集》（上），上海三联书店1999年版，第19页。

③ 参见〔法〕卢梭著，何兆武译：《社会契约论》，商务印书馆2003年版，第23页。

④ 参见〔美〕丹尼尔·贝尔著，赵一凡等译：《资本主义文化矛盾》，生活·读书·新知三联书店1989年版，第39页。

在影响和结果看是否合乎伦理精神。上述是 4 点有关决策伦理最主要的 4 个阶段的过程分析[①]。弗里切（Fritzsche）从过程的角度认为，决策伦理的过程主要包括：确定管理问题、备选决策方案、评估每个备选方案、进行方案抉择[②]。从过程视角对公共决策伦理进行分析，实际上是明确了对伦理问题认知、判断抉择的观点。转基因作物产业化公共决策伦理应着力对公共决策的过程、情境的探讨来对其可能产生的后果进行预测，并以风险规避、不伤害为其伦理基点。

在当前科技大发展时代，有关技术应用领域的决策非常多。通常这些技术具有不确定性和非常态的特征。因此，当下的决策基本上都是带有不确定性、多目标群体的综合性决策。本书所研究的转基因作物产业化公共决策类别在此范围内，属于后常规科学判断，即属于科学事实不确定及价值多元化的复杂公共决策[③]。

总体来说，公共决策是公共权力的运行方式，并源于公众对公共权力的让渡而产生。因此，其必须以维护公平正义为目标。公共决策主体为公共组织，客体为公共事务，这就要求其最终的结果应达到共益，而转基因作物产业化公共决策相关要素及运行的实质在于形成公共决策的伦理规范，这就为本书在转基因作物产业化公共决策伦理制度层面的研究提供了基础。

（三）科学、技术与公共政策的互动

STPP（Science，Technology and Public Policy）是指科学、技术与公共政策。STPP 研究大体上对应 3 个方面的内容。一是对公共决策中科学、科学家的角色研究，如专家参与形式、决策中的角色等。二是科学技术研究和发展

[①] 参见 Rest J R. *Moral Development: Advances in Research and Theory* [M]. New York: Praeger, 1986:67.

[②] 参见〔美〕戴维 J. 弗里切著，杨斌、石坚、郭阅译：《商业伦理学》，机械工业出版社 1999 年版，第 45 页。

[③] 参见陈玲、薛澜、赵静著：《后常态科学下的公共政策决策——以转基因水稻审批过程为例》，《科学学研究》2010 年第 9 期。

的公共政策研究，主要是对科学技术发展规律进行研究以支持其在科学技术上的投入、开发和应用。三是科学技术尤其是对高新技术带来的社会冲击的公共决策研究①。由此可以看出，第一个层面的STPP是参与决策的研究路径；第二个层面的STPP是扶持科技发展的研究路径；第三个层面的STPP是技术应用的政府决策研究。本书在第一和第三个层面的内容上都有涉及，这就更加明晰了转基因作物产业化不仅仅是科学技术本身的创新应用，同时是与决策与公共事务与公众的互动。下面我们一一从STPP的角度来对转基因农作物产业化进行探讨。

第一，有关STPP技术应用。

任何技术的应用都带有效用性的价值取向，而技术应用的不确定性所带来的高效益和高风险被有些学者定性为主要考虑政治经济效应的灰色技术②，是对不可控的技术知识的运用，属于致毁知识的应用。科技所能做的往往并不代表整个社会就应该去做或者说愿意去做，这关涉价值选择问题。美国哲学家芒福德亦直接指出，我们的时代由借助所发明的工具去支配自然转变为完全控制了自然，甚至把人类自己也从自然这一栖息地分离开来。这个观点与英国技术哲学家大卫·科林格里奇的观点有相通之处，即一项技术决定应用，但对其可能产生的潜在的社会风险，如果不能尽早判断并采取相应的防范措施，那么当其负面结果出现时，或许会因波及整个社会层面而无法对其进行遏制，这就是控制的困境，也就是所谓的科林格里奇困境③。也有学者提出在不确定性中找相对确定性并试着进行应用的观点。但由于高新技术具有线性与非线性、科学与非科学、技术性状确定与不确定性等二重性，须特别

---

① 转引自刘永谋：《行动中的密涅瓦——当代认知活动的权力之维》，西南交通大学出版社2014年版，第74页。

② 刘益东：《灰科学与灰创新系统：——转基因产业快速崛起的关键因素》，《自然辩证法通讯》2012年第5期，刘益东：《致毁知识与科技危机——知识创新面临的最大挑战与机遇》，《未来与发展》2014年第4期；刘益东：《试论科学技术知识增长的失控》，《自然辩证法研究》2002年第4期。

③ 参见 Collingridge D. *the Social Control of Technology* [M]. Milton Keynes, UK: Open University Press, 1980:76.

谨慎地展开研究、开发与应用①。这一观点同样明确了技术应用必须考虑其安全性，因为这是善性底线。科技的去向最终必须归于公共领域，即科技实践没有任何理由凌驾于民主法治善治之上②。科技不应只由其技术本身以及技术附带的利益所驱动，其还依赖于整个社会的互动商讨和认知接受，依赖于政府的决策行为、价值规则等因素③。因此，基于其对社会大系统中的经济、政治、价值、文化、生态的影响，技术应用领域的决策必须获得公众的认可、赞同才能促进公共的善④。也唯有如此，技术应用才能得以推广。

　　转基因作物产业化是技术语境下决策方案的运作过程，是将技术、应用范围、规范、后果和影响等通过整合进而施行的政务信息传输。公共决策一般由这些环节构成：议题的明确、方案的商讨、方案的抉择、方案实施及评估结果这完整的 5 个步骤。本书则主要聚焦于转基因作物产业化议题的商讨、方案的备选、意见的综合这 3 个方面，因此属于较为狭义的决策。公众极为关注的问题一般能成为决策讨论的确定议题，但最关键的议题考虑应当是聚焦于当下公共决策的具体症结并明确其需要达到何种目标这些更细致的思维过程和价值判断上，这关乎对决策问题的界定、把握、解决能力以及最关键的价值取向问题。且明确了具体决策商讨问题，就应形成相应的备选方案。这些方案应当由专家、其他相关主体以及最广大的公众共同商议并对方案进行反复论证，以保证科学、公正、民主及共识性。对于转基因农作物产业化的公共决策来说，转基因技术应用的公共决策伦理议题还需要进一步明确专家、决策主体的权限义务及责任归属、科学选择等道德层面的内容，尤其应对技术风险进行安全评判，对后果或者效益进行权衡并公正分配，如实让公众知悉这些相关信息，在此基础上再做出综合决策。这些均是转基因作物产

---

①　参见徐治立：《基因科技的二重性及其社会意义》，《自然辩证法研究》2002 年第 3 期。

②　参见卢风：《科技、自由与自然——科技伦理与环境伦理前沿问题研究》，中国环境科学出版社 2011 年版，第 24 页。

③　参见〔瑞士〕托马斯·伯纳尔著，王大明、刘彬译：《基因、贸易和管制——食品生物技术冲突的根源》，科学出版社 2011 年版，第 34 页。

④　参见徐治立：《科技政治空间的张力》，中国社会科学出版社 2006 年版，第 29 页。

业化公共决策伦理应当考虑的重点。

技术应用的公共决策还是行动和权力的结合，而一切的行动都要受到道德的检验。技术应用也同样要受到道德的检验[①]，其伦理规范主要包括注重安全以人为本、利益风险分配公正、民主商讨尊重民意等方面的规范。尤其是转基因作物具有人工改造性，其强加给原植物的外在价值和干涉较多[②]。对于这种复杂"人化"技术应用的决策更应考虑风险因素和道德因素。此外，学界还认为对 STPP 的研究应当直面科技专家对科学应用决策化的过程，因为这二者是共生演化的，其共同面临着事实和价值选择、求真和求善等一系列问题，这恰恰为本研究提供了理论生长点。

第二，STPP 蕴含的公共决策伦理。

技术应用建立在与事实世界的关系上，而公共决策则建立在合法性和公共约定上。技术事实可影响公共决策行为，甚至能够在一定程度上对公共决策遵循公共约定起到重要影响，这表现为公共决策的价值取向会有走进"黑箱"的可能，但公共决策的价值取向也同样会有避开"黑箱"的可能。罗斯曼就明确提出，尽管存在利益诱惑情境，但公共决策不一定就会去实现这种利诱[③]。刘则渊和杨春平则提出，为了防止技术应用的不安全性，公共决策还需要建立科技安全预警系统，以防止科技风险、科技事故、科技危机，保证安全的决策[④]——这凸显出了约束和规范的意义。STPP 在很大程度上针对的决策情境体现在其原本抱有的良好的出发点之上，但好树是否会结出坏果子，这取决于制度的规范和约束。默顿提出的科学规范的普遍主义（Universalism）、公有主义（Communism）、无私利性（Disinterestedness）和有组织的怀疑性（Organized Skepticism）恰恰是科技本身的规范性促进公共

---

① 参见〔德〕汉斯·约纳斯著，张荣译：《技术、医学与伦理学——责任原理的实践》，上海译文出版社 2008 年版，第 16 页。

② 参见Keekok Lee. *Natural and Artefactual: Implications of Deep Science and Deep Technology for Environmental Philosophy* [M].Lanham: Lexington Books, 1999:26.

③ 参见 Rothman K.. Conflict of Interest: The new Mc Carthyism in science[J]. *JAMA*,1993,(21):33.

④ 参见刘则渊、杨春平：《科技安全预警系统》，《中国科技论坛》2006 年第 1 期。

决策的伦理性的体现①。尤其是当面对技术应用前景的复杂性时，作为决策主体的政府亦希望避免决策失误②。虽然技术的应用是社会发展的趋势，但技术应用也有可能会进入到狭窄的路径。因此，对技术应用进行决策时更需要判断力并切实遵循决策的伦理精神。

同时，本书所聚焦的技术应用层面的公共决策伦理视域还存在着很多的不确定性。因此，对于技术应用中高效益高风险的决策特殊性更需探究其所蕴含的伦理规范。从文献考察来看，技术应用的公共决策伦理问题在学界被认为是道德观念和物质实践运用的综合考量③，即其是对人类在技术实践活动中所面临的一切伦理问题的道德反思，这其中包含了功利主义及道义主义的决策伦理模式。若能将此问题处理好，不仅是对价值冲突进行了整合，而且更是一种文明的晋升。技术应用决策还是一种公共决策性的事务，而这些事务又非常依赖事实和价值的综合考量④，也就是对科学技术的"事实追寻"。本书中的转基因作物产业化公共决策同样是包含了科学和价值的混合决策⑤。当公众、专家、利益集团对转基因技术应用持有不同意见时，那么，负有政治责任的公共行政相关机构要依据法定的职责，在冲突中寻求多种方案并达到各群体最大限度的共识，才能体现出公共决策的规范性和伦理性。

公共决策伦理不能空谈，必须与社会情境契合以合乎公共性。此外，转基因作物技术应用也应契合社会性和公共性，因为这不单是技术研究者、使用者及技术成果享用者个人或群体的风险和利益，而是整个人类共同存在的风险和利益⑥。公共决策伦理要真正落到实处，就必须要让公众接近决策过

---

① 参见〔美〕R.K.默顿著，曹曙东译：《科学社会学》，商务印书馆 2003 年版，第 65 页。

② 参见罗伟：《科技政策研究初探》，知识产权出版社 2007 年版，第 23 页。

③ 参见王前：《技术伦理通论》，中国人民大学出版社 2011 年版，第 36 页。

④ 参见〔美〕Harvey Brooks, *The Scientific Adviser, in Robert Gilpin and Christopher Wright, eds., Scientists and National Policy-Making*[M].(New York: Columbia University Press, 1964:36.

⑤ 参见〔美〕Thomas O. McGarity, "*Substantive and Procedural Discretion in Administrative Resolution of Science policy Questions: Regulating Carcinogens in EPA and OSHA*[J]," Georgetown Law Review 1979:37.

⑥ 参见徐治立：《技术风险伦理基本问题探讨》，《科学技术哲学研究》2011 年第 10 期。

程。对此，富勒提出，可从两方面进行操作：一是建立一个权威程序；二是明确公正的规则①。这充分体现了公共决策伦理应满足公众参与、知情商讨及公共利益实现的核心价值。

（四）对转基因作物产业化的决策伦理再思考

总的来看，目前对转基因作物产业化的决策伦理的探讨主要集中在政策学、伦理学、科学技术与公共政策（STPP）这三个学科。由此，从本体论的角度来说，转基因作物产业化的决策伦理，是确定的、存在的；从认识论的角度来说，应是溯源其最本质的问题；从方法论的角度来说，要遵从科学技术与公共决策问题的结构性、动态性等要素。因此，这一节的内容主要是从不同的层面对转基因作物产业化决策伦理的研究进行再思考。

在宏观层面上，政策学和STPP的学者认为，转基因作物产业化公共决策伦理问题是科技效用与价值取向的互动、协调、平衡的问题。政策学本身不仅研究公共决策的过程及方法，而且更为关注公共决策的伦理价值及规范。同样，STPP也重视高新技术对社会冲击影响下的公共决策研究。可见，二者具有共同的关注点，这就为研究者进行交叉研究并形成分析框架提供了基础。在微观层面上，应用伦理学中的道义论、功利论则更具体展示了其在公共决策实践中的理论运用情况。例如，转基因作物技术在原理和操作上是否科学合理、其对可能存在的风险是否如实告知了公众、对于科研专家、生物技术公司以及公众来说技术红利的获得与分配是否公平、正义等伦理探讨却是微观层面的表达。转基因作物产业化公共决策伦理的研究视角则集中在技术本身的安全性、技术咨询者的德性和技术应用决策带来的公众生存影响、科技主权、粮食安全、农业贸易以及应用路径、法律规范等层面。

目前，转基因作物产业化决策伦理问题以定性研究为主，例如，公众对转基因作物产业化接受度、认知度等方面的调查研究，这属于对影响因素进

---

① 参见〔英〕史蒂夫·富勒著，刘钝译：《科学的统治》，上海科技教育出版社2004年版，第47页。

行指标测量，并用数据分析结论的研究类型。在定性研究中，大部分学者则以访谈、文献资料提炼、案例深层挖掘的方法为主。这将有助于通过转基因作物产业化的实例抽取出有关该技术科学评价的认知以及该项技术应用在利益分配、互动商讨、权责落实、法规审批等层面的伦理问题。在研究领域上，主要是以研究转基因作物产业化对社会造成的影响为主。社会影响的内容一方面在于研发专家、相关生物技术公司是否会追求利润而忽视可能存在的生物技术风险，另一方面则在于公众对转基因作物技术在认知、理解、接受层面上的影响。由此，在这些前辈的研究基础上，本书系统梳理了转基因作物产业化公共决策所涉及的各项伦理问题以进一步推进研究。

　　从理论空间来说，任何一项研究都不可能完全抵达其最终的真理层面，这是非常正常的现象。国内外学者在做出巨大理论贡献的同时，为我们这些后来的研究者亦提供了上升空间。公共决策本身是一个复杂又庞大的研究对象，加之伦理这一抽象的理论和转基因作物技术的复杂性，因此，要研究透彻其存在的问题并非易事，但这也恰恰说明了该技术走出实验室成为公共领域问题的重要性，这使得本研究具有实践意义。目前，学者们的研究可以说非常丰富，但基本仍在围绕科学原理、食品安全等范围展开讨论。同时，涉及政治、经济、贸易等层面的社会问题又普遍集中在用泛泛的纯哲学的理论去分析转基因技术应用带来的影响上。因此，针对这些问题，学者们基本用商谈伦理、预警原则等规约来进行处理，这是明显不够的。对转基因作物产业化的拥护和反对，更需要从多学科、多角度探究其缘由。转基因作物产业化聚焦到公共决策伦理上，可以展开为相关决策主体对转基因技术安全性评价、参与主体资格争议、公开性、利益分配及民主性等多个层面，这是对转基因作物产业化进行公共决策分析和伦理分析不可或缺的内容，也是本书要深入探讨的问题。由此，对转基因作物产业化公共决策伦理问题研究的再思考，其实质是围绕不断变化的决策环境、行动主体以及维护公共价值的角度来实现科学、技术与公共决策达到满意共识的伦理安排。

三、转基因作物产业化公共决策伦理的核心内容
——研究视野的透视

（一）非理性与理性的演进

对于转基因作物的产业化问题，不应再停留在浅层次的口水战中。需要特别说明的是，本书所提出的对转基因农作物产业化公共决策伦理的研究，只是探寻其影响公共决策伦理的困境、缘由及如何落实相关公告决策伦理的问题。随着转基因作物技术在时空域下的发展以及决策价值取向规范和方法的提升，转基因作物产业化决策会产生不同结果。因此，基于可操作性上的考虑，本节内容将讨论转基因作物产业化的非理性与理性的问题。

从研究视野来说，转基因作物产业化公共决策伦理的核心内容应以公共决策伦理为着眼点，深入剖析转基因作物产业化公共决策伦理困境，在理论上加深对公共决策伦理的认识，并在现实中提出有益的政策建议。此外，社会科学研究的目标主要分为探索、描述和解释。本研究的目标主要体现在描述和解释两个层面：在描述层面，系统描述转基因作物产业化中公共决策存在的困境及所关涉的伦理价值。在解释层面，辨析理论界提出的政策科学、道义论、功利论、STPP等思想资源，并在此基础上探析转基因作物产业化公共决策伦理的根源问题，这也是理论研究的终极旨趣，即发现问题并进一步有针对性地探究缘由，进而服务于现实问题。在这些问题中，特别需要进一步探寻出转基因作物产业化公共决策涉及的公众、科技专家、公共决策机构、转基因作物技术公司、种植主、媒体等主体所讨论的安全性评价、利益分配、参与主体资格争议、公开性、互动民主性与真实报道性等问题，并进一步针对这些现实焦点问题进行分析，以彰显科学理性高层次的解困精神。

具体到非理性与理性的演进问题上，非理性的层面主要表现在公众对转基因技术的不了解，同时因为媒体和一些公众人物的争锋，包括种子公司设置的某些技术壁垒等问题，导致公众对转基因作物产业化问题甚至蒙上了国

家间人口基因战的阴谋论阴影。而随着科普工作的展开，包括粮食安全、育种等问题被逐渐了解，越来越多的理性公众对转基因作物产业化有了更深刻、全面的认识。他们不再只是简单粗暴表达支持与不支持的态度，而是将视野更聚焦到了如何更好提升技术、完善评估与监督、让公众参与知情、让转基因作物产业化相关产品价格合理、尊重公众接受或购买转基因作物相关商品与否的意愿等具体层面上。

当前，已经有关于转基因科普的纪录片上映了，这就是《食物进化》（Food Evolution），这是一部很好的电影，有理有据、理性平和。只有公众真正了解了相关知识，才能对转基因食品有理性的认知和态度。同时，现在还有一部分消费者对转基因持中性态度，这部分群体的态度走向将决定转基因食品未来的走向。我们需要解答公众关于转基因的常见疑问，使公众不再为一些非科学非理性的问题担心，同时，也要让公众能真正表达关于决策价值方面的见解。公众对转基因技术的资讯获取大多数来自网络、报纸、电视等媒体，这也要求媒体在转基因相关报道时应秉承科学的态度，承担其应有的社会责任，避免为吸引眼球而进行夸张和虚假报道。公共部门也要积极向公众传递权威、详细的转基因安全、评价以及监管的资讯，对于违规操作、种植、生产的行为进行严厉查处。只有通过多方努力，才能营造科学理性而不是非理性的氛围，这样对推动转基因作物产业化决策伦理的解困才会具有建设性。

（二）科学不确定性下的公共决策伦理

当我们谈及转基因作物技术时，我们应如何思考？我们生活在技术潜力超乎寻常的年代，技术带给人类翻天覆地的变化，令人惊叹，也令人畏惧。然而，转基因作物技术本身无法回答如何解决这些技术所引发的道德问题和风险：一方面，科学研究和创新是生产力的源泉；另一方面，它也可能逐渐成为一股不可确定且不可控制的强大力量。

总体来看，所有技术争论的焦点几乎都围绕着求真、求善的视角展开，特别是从安全性扩展到了技术伦理、审查甚至人类福祉问题上。尽管转基因作物技术产业化本是科技领域的应用事务，但其所带来的社会层面的影响却关乎公共决策伦理。这分别与公共决策追求真、追求公正、追求民主的伦理价值要素相对应。由于当下的科学知识解释、实验检测层面还未能精准解决转基因作物技术或存在的风险问题，因此，我们还需确立相关科技不确定性风险理念以理性对待转基因作物产业化。公共决策的关键在于保证公众的参与、对话。由此，本书在福特沃兹、拉维茨的后常规科学理论及福克斯、米勒的后现代公共话语理论、西蒙的满意人决策理论、福莱特的群体动态过程理论的基础上融合形成了后常规科学话语互动满意人理念，这为解决转基因作物产业化公共决策伦理困境、达成各方共识提供了相关途径。

从聚焦于现实层面转基因作物产业化的问题来看，其公共决策伦理最根本的困境在于对转基因作物技术安全性的争议，包括该技术操作过程的科学与否、技术检测评价的完善与否、技术应用对科技主权粮食农贸影响的积极与否。将有争议的公共决策纳入多元群体进行商讨，这也由此带来了相关参与主体及信息公开层面的困境。对参与主体来说，其可能面对的困境有参与主体资格及主体构成是否科学、是否存在利益负荷的角色冲突及科技公民身份虚化等问题。而相关信息公开层面的困境则体现在核心信息是否被遮蔽、是否真实不滞后上。尤其是转基因作物产业化这种科学性强的公共决策，媒体对其报道的内容是否清晰准确不模糊，这亦是信息公开层面需要探讨的问题。

除了技术层面与伦理层面的思考，我们还需对转基因作物产业化公共决策伦理困境产生的缘由进行探析。究其根源，我们发现这一困境产生的根本原因在于认知的不确定、利益的干扰分歧以及复杂的公共决策环境这 3 个主要方面。认知的不确定体现在因转基因作物技术复杂而未能完全认识到其存在的不确定性上，又或是体现在因认知到其不确定性但予以忽略而产生的道德诚信的伦理问题上。利益分歧主要在于多重利益的干扰以及相关主体采取不同的策略方式片面逐利而忽略公共利益。仅以追求技术红利为目标，这是转基因作物公共决策伦理源头上的困境。

对相关困境、根源进行分析后我们发现：转基因作物产业化公共决策价值取向应蕴含认知诚信、利益公正、程序民主这 3 个层面的伦理精神。这大致可以从技术层面追求科学的真并如实告知公众相关不确定性以获得信任、从利益分配上进行具体调节并倾向于照顾弱势群体的诉求以指向真正意义上的公正和从广泛纳入各相关群体进行民主商讨以达成满意共识 3 个方面来规范转基因作物产业化公共决策的价值取向。同时，梳理当前转基因作物产业化的现实政策，我们不难发现，其主要存在积极促进型、防御禁止型以及预警推进型这 3 种政策态度。3 种不同的政策态度蕴含着对转基因作物技术及其产业化的不同认知和不同价值诉求，进而又表现出了不同的推广态度。分析这些政策的内容及其内蕴的思想，可以更好审视这些政策的价值取向，有助于挖掘转基因作物产业化公共决策伦理需进一步调整及确立的方向。

对于转基因作物产业化公共决策伦理来说，如果要将其价值落到实处，就要找到恰当的践行途径，即先从相关机制建构入手，再进一步探讨适当的途径。相关机制的保障可实现转基因作物产业化在安全层面、利益层面、民主探讨层面的规范和协调。在此基础上，再通过具体操作来实践公共决策伦理。例如，通过公众实地考察情境探讨来深化对转基因作物技术的认知理解；落实专门的转基因作物商业法来实现法制保证；通过数据等量化分析来溯源相关机构的责任；对于影响科技传播的媒体，对其实施信用披露管理等。如此，唯有多层面、多途径共同调节，才能真正践行转基因作物产业化公共决策伦理。

（三）朝向协商与行动的建构

客观而言，当前的科学已嬗变为在认识世界的同时干预世界的技术化科学。值得指出的是，为面对人类深度科技化时代的来临，国际社会的实质上的主流抉择是采取决策伦理防范风险的设计，其总体策略日益倾向于风险防范的主动性原则而非风险厌恶型原则。因此，本书致力于描述并解释转基因作物产业化公共决策所面临的问题、根源及践行产业化应秉持的价值取向。这就必须去全面理解和掌握有关转基因作物产业化的发展概况、风险性、利益目标、决策价值取向等内容。

同时，在国际上，一些国家原则上允许在满足一定条件和严格监管的情况下进行转基因作物的产业化，其理由是不愿意放弃该技术的潜在可能性和无限的创新前景。这一实用主义与功利主义的立场与其说是伦理基调，毋宁说是一种弹性的抉择，其深层次的原因可能在于：只有边商谈边执行才能将转基因作物产业化决策关涉的具体场景的伦理问题进行可操作的概念创制，这样才能使转基因作物产业化在伦理和政治上获得一定的动态的可接受性。因此，朝着协商与行动的建构实际上为转基因作物产业化公共决策构建了某种伦理与政治的软着陆机制，这就要求人们要针对研究的伦理问题进行现实场景的建构和剖析，并将挖掘出的问题进行归因以进行解困。

同时，在具体的落实层面而言，朝向协商与行动的构建又可转换为当下国际社会所提倡的负责任的研究与创新的内涵——精细的利害权衡、透明的过程管理、严格的安全监管、结构化的伦理规制、广泛而深入的辩论。而需要深入讨论与建构的问题主要在于：如何从人类命运共同体的总体层面构建一种能对最坏的情形作出负责任的预警的生命科技—决策伦理—治理体系？如何有效管理或避免违规操作产生的不可控风险？如何使得伦理规制和政治抉择成为转基因作物技术实践的内在结构，或者说伦理与政治考量如何从结构上嵌入到攻关决策之中？对于这些问题的思考与践行，需要通过系统的科普教育与研究模式的变革才能解决，如可在生物科技专业教育中开设公共决策伦理课程、甚至设立决策伦理学科，在转基因作物技术验室中引入科技与公共决策伦理研究人员使之成为沟通科技与人文的结构化的中介等等。

总之，在对转基因作物产业化公共决策伦理问题进行思考时，我们不仅要从理论出发，也要从践行的规制出发，因为理论是以系统化的方式将经验世界中的某些事物用概念化的形式组织起来的一组内在相关命题。这样，在逻辑上我们才能保持一致，也才能保证在对具体的转基因作物产业化决策伦理问题进行研究时能够具有解释性和概括性。此外，只有综合运用归纳、演绎、类比、联络等逻辑思维并结合从决策学、道义论、功利论、STPP 等方面的思想资源去进一步分析转基因作物产业化公共决策伦理问题及困境缘由，才能较好地将转基因作物产业化公共决策伦理所关涉的协商、行动、共识、预防监控、治理等问题尽可能精准化、精细化和可操作化。

第一章

转基因作物产业化公共决策伦理的生成

一、转基因作物产业化与公共决策伦理的交锋

在本研究不断完善之时，传来了一个好消息——2019 年 7 月 24 日，中央全面深化改革委员会召开第九次会议，审议通过了《国家科技伦理委员会组建方案》，这意味着科技与决策伦理问题不仅被列入了国家最高决策议程，更表明了国家对构建科技伦理治理体系的高度重视。我们从不束缚创新，我们也始终不会忘记决策伦理围绕的核心是人。因此，二者的交锋应是包容而审慎并且是负责的。本部分内容将围绕转基因作物产业化与公共决策伦理的意涵界定、深刻关联性、困境表现、根源等问题展开论述。

（一）转基因作物产业化

所谓的"产业化"（Industrialization）是一个复合型概念。产业泛指为市场提供相关资源运作的大型组织，而"化"则是将产业转变为持续性、大规模市场经济的经营性质和组织形式，以实现行业需求及效益目标[①]。而任何一项技术想获得红利，就需要形成大的模式化应用。由此，转基因作物产业化是指将转基因作物技术进行商业化形成生物经济与农业经济交叉的、具有多元效益价值的大规模化的生产运营经济模式[②]。同时，这里的转基因作物主要指

---

① 参见〔英〕阿尔弗雷德·马歇尔著，李琦译：《经济学原理》，湖南文艺出版社 2012 年版，第 355 页。

② Sei- hill Kim. Pathways to support genetically modified foods[J].*Current opinion in biotechnology*,2006(7):1-5.

植物，更确切地说是有农业经济价值的作物。其应用的产品种类主要是主粮、食品及饲料的商业化应用。

我们再来明确一下转基因作物技术及转基因作物的概念。转基因技术是将特定基因尤其是人工操作过的基因导入到生物体原有的基因组中，与其本身的基因进行重组以引起该生物体获得所期望的遗传性能的一项生物修饰技术①。而"遗传工程""基因工程"等专业术语基本与转基因蕴含的意义一致。转基因作物则是指基因组中含有外源基因的作物，目的是通过导入其他生物体的遗传物质来改变原植物的性状形成新的植物品种②。而转基因作物技术应用的目的基因则可赋予转基因作物进行性状分类，其中最为常见的就是抗虫基因和抗除草剂基因。

这意味着人类已经开始依照自己的意图来设计新生命体了——转基因作物就是人类期望干涉下的产物。其与传统作物最大的差别在于：传统作物是与具有亲缘相近的植物进行杂交，没有脱离相同或相近的植物纲目。虽然具有一定的人工意愿来选择杂交子的性状趋势，但这种杂交发生在同一物种之间或亚物种之间，还是较贴近自然界的发展与进化的③。而转基因作物具体操作的对象是经过人工修饰的基因，受体可能是远亲缘关系，甚至是无亲缘关系的不同基因，这就催生出了依靠自然过程可能永远无法出现的新物种。然而，这一点也是被公众质疑的问题所在：这一突破自然界的遗传育种技术是否存在各种潜在的不确定性。例如，不同基因是否会造成跨物种感染，进而威胁人类生存等方面的风险。不少人认为，这种风险甚至可能是长期的、间接的、累积的，人们应该对此予以高度的重视。

---

① Madhu Kamle, Pradeep Kumar, Jayanta Kumar Patra, Vivek K. Bajpai..Current perspectives on genetically modified crops and detection methods[J].*Biotech*,2017(3):1-15.

② Chinreddy Subramanyam Reddy, Seong-Cheol Kim, Tanushri Kaul.Genetically modified crops role in sustainable plant and animal nutrition and ecological development: a review[J].*Biotech*,2017(3):13.

③ Batista.Facts and fiction of genetically modified food [J].*Trends in Biotechnology*,2009(5):277-286.

（二）公共决策伦理

查阅众多文献可以发现，目前大部分学者对公共决策伦理的理解却是遵循伦理道德的公共决策。事实上对该意涵的理解应属于元伦理的哲学探讨范畴，即从道德—行为的逻辑来阐述，在学界较为统一的基本概念是指伦理行为产生的道德机制[①]。

本书则聚焦于对公共决策伦理的研究，因此在此应区分一下二者的概念。公共决策伦理既不是"公共决策的伦理化"，也不是"伦理性的公共决策"，而是对公共决策的伦理分析，其核心是揭示公共决策的伦理属性及其伦理价值，其主旨是指向"什么是善性公共决策""善的公共决策是怎样的""如何做善的公共决策"。有学者则更为明确地指出，只要是公共决策就存在事实因素和价值因素，并且会带来幸福或伤害的结果，这就蕴含着伦理问题[②]。所以，公共决策应最大化指向善，应当具有公正性、民主性并能被广大公众接受，这样才符合伦理精神。

同时，公共决策与伦理本身就具有深刻的关联性。从公共决策的对象来看，不论何种决策都会关涉价值，这蕴含着伦理道德的规范性；从公共决策关涉的主体来看，人类是具有意识的灵类动物，能够判断是否存在伦理价值的问题；从决策关涉的结果来看，人们可对最终决策的行为结果得出其是否合乎伦理精神的结论判定[③]。此外，公共决策伦理还可在决策主体内部与决策主体外部之间进行行为调节，以保证决策质量并实现社会公共利益等多重目标。因此，公共决策伦理还应明确权力的分配，运作程序必须符合公正民主。反过来说，善的公共决策也必须由伦理来保驾护航。

由于本书的公共决策关涉高新科技领域，所以面临着复杂多变、不确定风险及高收益性等诸多问题。与此同时，转基因作物产业化也因是否基于理

[①] 参见Ajzen I. The Theory of Planed Behavior[J].*Organizational Behavior and Human Decision Processes*,1991(2):24.

[②] 参见Velasquez,MG, Rostankowski,C. *Ethics: Theory and Practice*[M].Englewood Cliffs, NJ:Prentice Hall, 1985:36.

[③] 参见罗依平:《深化我国政府决策机制的若干思考》,《政治学研究》2011 年第 4 期。

性、诚信的技术认知，是否合乎法理性、民主性、公正性等这些价值而备受考验。先贤罗尔斯则非常明确地指出，正义是第一美德，是公共生活中一切行为与理论的价值判断标准，甚至具体落到个体身上，都应保证每个人都拥有一种基于正义的不可侵犯性[①]。而公共决策伦理恰恰将其价值取向转向了公共的正义的道德层面，这就赋予了公正这一高贵的意义。尤其是转基因作物产业化语境下的公共决策伦理更应尊重人的生存、社会的可持续发展，因为公共决策的最终结果必然影响的是整个社会及全体公众。由此，考虑公共的正义的利益价值是自然而然的事情，也正是建立在这样一种以共同体利益为指向基础上的公共决策才符合公正、民主、善性的伦理精神。

二、决策—风险—互动理论

转基因作物产业化公共决策因为饱受争议而处于胶着状态，其原因一方面在于技术层面的复杂性以及技术安全检测原则方法的不完善性，另一方面则在于粮食农业革新问题、科技主权问题、贸易发展问题又依赖于实施转基因作物产业。而在这二者基础上又可能会引发认知诚信、利益公正及程序民主这些关涉宏观、社会层面的公共决策伦理价值层面的困境。可见，转基因作物产业化蕴含了以下几个深刻的公共决策伦理问题。

一是转基因作物技术本身的内在价值、目的性以及该技术的研发者是否遵循科学、真实、可靠的操作原则。二是转基因作物技术应用的社会后果，即转基因作物的种植、生产、销售和消费等对环境、人类健康以及社会各方面的影响，这主要蕴含的是利益风险分担的公正伦理问题；三是实施转基因作物技术产业化发展的公共决策是否遵循合法性合理性，是否与公众进行商讨互动达成满意共识，这蕴含了程序民主伦理问题，这些都是公共决策伦理

---

① 〔美〕约翰·罗尔斯著，何怀宏、何包钢、廖申白译：《正义论》，中国社会科学出版社 2001 年版，第 33 页。

相关理论需要探析的问题。

　　同时，面对这些争议，一方面，我们应从技术本身的不确定性及技术安全检测原则方法的层面进行基于事实的讨论，这需要运用科技不确定风险理论来把握。另一方面，面对这些不确定性所引发的利益与风险分配、决策程序是否符合公开民主等问题，各相关群体更应当进行互动，通过持续、反复商讨以形成对转基因作物产业化公共决策的基本共识。然而，实践中，各相关群体尤其是公众虽表达出了不接受的态度，但其真正参与讨论、互动的程度却并不充分也并不深入。这也致使他们被打上科学素养不够的标签。而本书所运用的后常规科学话语互动满意人理论则为公众参与、实现转基因作物产业化公共决策对话进而解决认知、利益、商讨等层面的分歧提供了可行的路径指向。因此，在这一节中，我们先探讨与本研究相关的基础理论，以便为后面的论述构建基础。

（一）公共决策伦理理论

1. 公共决策伦理的主要内容

　　在公共决策学成型之初，学者们就敏锐地指出了在其理论体系中必定蕴含着对伦理价值的研究[①]。对公共决策伦理理论进行探讨则源于 20 世纪 80 年代，主要是对其进行价值、信念、伦理的分析。通过对众多文献的考察，学者拉斯韦尔和卡普兰被认为是政策科学的奠基人。他们认为：公共决策伦理是决策主体在决策过程中遵循的价值判断，这种价值判断是为了维护公共秩序所必需的伦理规范[②]。

　　而公共决策伦理的实质还可被这样细致地描述出来，即公共决策是国家行政机构最常见的行为，这就关涉公共决策伦理问题。古希腊时期的亚里士多德认为，凡是"正宗政体"，其价值取向自然是公共利益，只有"变态政

---

① 〔美〕哈罗德·拉斯韦尔著，杨昌裕译：《决策科学的未来》，商务印书馆 1992 年版，第 60 页。

② Lasswell, Kaplan. *Power and Society*[M].New Haven: Yale University Press, 1970:71.

体"才会谋求个人或部分人的利益①。正是因为公共决策关乎公众切身利益，因此只有符合了公共性、公正性、诚实性、人本性、民主性、科学性、合法性的公共决策才算合乎伦理，才能使公众得到幸福安康②。这就明确了公共决策的根本价值取向应是以公共利益为目标核心。

上述定义都是从政策学、伦理学视角的应然层面对公共决策伦理进行的考量。只有明确了公共决策伦理的应然性，才能在其目标、内容、利益协调与权衡、程序等层面呈现出道德的力量和价值导向。这样亦有利于形成有序的公共决策系统：合理的、真的、善的目标；科学、有伦理尺度的方案；民主、有秩序的程序，而这些则恰恰构成了公共决策的伦理准则和主要内容。

2. 公共决策伦理的启示

公共决策伦理具有动态性、多元性及实践性的特征，而这些特性恰好可应对转基因作物产业化语境下公共决策伦理的困境：一是技术层面存在不确定性、公众诉求会随时间推移及研发检测技术的提升产生变化。而公共决策伦理的动态性则可通过对技术事实进行审视、对诉求变化进行判断来调整方案。二是参与主体及利益表达是不同的、多层次的，而多元性的公共决策伦理可对不同主体不同的利益需求进行调节、整合。三是转基因作物产业化的推广必然在实际中会影响政治、经济等各社会层面。由此，公共决策应在诚信、公正、民主这些精神层面去"践约"以尊重人的价值。

公共决策伦理的动态性意指伦理考虑的问题并不是一成不变的，也即公共决策伦理的对错标准并不是固定不变的。公共决策伦理应当考虑到伦理问题的具体境遇，这就明确了转基因技术的研发、推广相关问题的可解决性。比如，从一味禁止、防御的思想态度可转变为健全科学检测的思维，这就使得问题得以转化为更具体可操作、可改进的目标。这不仅明确了公共决策伦理"应是什么"的问题，而且更加明确了公共决策伦理"应该如何"的问题。

公共决策伦理的多元性是针对不同参与主体以及多元利益而言的。不同

---

① 〔古希腊〕亚里士多德著，吴寿彭译：《政治学》，商务印书馆1996年版，第33页。
② 余玉花、杨芳：《公共行政伦理学》，上海交通大学出版社2007年版，第32页。

的参与主体会有不同的价值与目的，也由此会带来多元利益分配的问题。尤其是转基因作物产业化，其利益涉及层面在政治、科技、经济、文化、社会领域均会产生影响。然而，允许不同的声音存在、面对多元利益进行整合和权衡，这不仅是出于对权力约束的考虑，更是基于对公正伦理的考虑。异质性中往往蕴含了共同性和公共性，这正是公共决策伦理的体现。在允许多元价值存在的基础上，还应考虑将不同的价值需求整合成共同的公共价值并将其最大化以实现真正的公共利益。

　　公共决策首先就是一种实践，而公共决策伦理践行的核心问题是责任。汤普森指出，公共机构要对后果承担相应的责任，这是解决"多手"甚至是"脏手"的应对办法①。尤其是本研究中的转基因作物产业化，其所关涉的往往是复杂的科学问题以及对其价值的争议，这就更加要求公共机构要处理好效率、工具理性与生物安全性、社会责任的关系。这样的折中理性（buffered rationality）才是尊重公共性的体现②，也才是对多价值判断、兼顾的伦理权衡。

（二）科技不确定性风险理论

1. 科技不确定性风险理论的主要内容

　　所谓科技不确定性，是指人们对技术原理的认知虽基于科学知识、理性思维，但仍是运用有限的、接近真理的知识去解释无限的未知而呈现的相对确定性，这种相对确定性在整体上看是处于一种不确定性的状态③。科技从研发到应用，是一个动态复杂的过程，并且经历了一系列步骤的演变，确实可能存在无法全面把握其安全性、规律性的情境。特别是对于转基因作物技术来说，其经过外源基因的提取、重组、融合等操作。其最终的基因表达呈现何种结果，我们无法完全预知精确。一旦将转基因作物技术进行大规模产业

---

① Thompson,D. *Political Ethics and Public Office* [M]. Cambridge, Mass.:Harvard University Press,1987:27.

② 冯之浚:《决策研究与软科学》, 浙江教育出版社 2013 年版，第 16 页。

③ 〔美〕安东尼·吉登斯等著，尹宏毅译:《现代性》，新华出版社 2000 年版，第 195 页。

化应用，不能排除其与其他事物产生相互联动、相互作用与影响进而导致灾难性后果的可能。同时，人类的认知是有限的，尤其是该技术在人工控制的实验室条件下获得的暂未发现其存在风险的结论更是如此。这样的实验科学性在多大程度上能说明其是安全的，这一点存在着模糊性。而这种不确定性除了技术本身复杂性的影响，还与科技人员的良知、责任有关：转基因作物技术应用带来的红利诱导，在一定程度上会影响科技专家的科学逻辑、价值取向以及科研规范，这将对转基因作物技术造成人化的风险，使得其更具不确定性。

风险是指不希望发生的事件发生的可能性，其被定义为在某些条件、时期下，事情发展的结果脱离人类的感知能力并发生变化，进而对整个社会造成短期甚至是长期的不利影响[1]。这一概念被学界认为是伴随着现代社会的到来而产生的。因为风险的本质体现为危险。在进入现代社会之前，危险通常被认为是已经发生的既成事实，是一种无法控制的"命中注定"[2]。而在现代社会，风险则被认为是可计算、可控的。这里就会涉及运用何种科学理论能够对风险发生的概率进行预测的问题。然而，随着科技迅猛发展以及后现代社会的逐渐到来，风险却无法再用概率方法进行精确判断。由此，就有必要对科技不确定性风险这一概念予以考察。

科技不确定性风险在学界较为统一的定义是——源于科技发展及应用，依赖知识分析却又无法确定、避免其可能存在的负面效应从而给人类社会及生态环境带来的风险[3]。这一概念与本研究相契合，突出了科技应用中存在的不确定性可能造成的社会风险。学者贝克是风险研究的代表性人物，他亦明确指出科技不确定性风险是当下社会风险的主要来源：一方面，科技本身具有固有的风险；另一方面，人类具有冒险的天性[4]。这一论断点明了科技不确

① Sven Hansson. Risk:Objective or Subjective[J].*Journal of Risk Research*, Volume13, Issue2,2010:231-238.

② Piet Srdom Buckingham. *Risk and Society*[M].Open University Press,2002:75.

③ F.Ewald. *Insurance and Risk*[M].London: Havester Wheatsheaf,1999:12.

④ 〔德〕乌尔里希·贝克著，吴英姿、孙淑敏译：《风险社会》，南京大学出版社 2004 年版，第 174—191 页。

定性风险产生的原因、负面性及人为性，即科学技术在产生、发展中内蕴着不确实性因素，而人类则会因经济、政治等因素导致科技失真从而带来其他风险。本书研究的转基因作物技术，其风险性主要体现在 3 个层面上：一是该技术本身客观存在风险性。转基因作物技术从其研发原理到试点种植再到上市的产品及其管理等各个阶段都具有一定的风险性。这是因为在这些看似科学、确定的"图景"中所展现出的科技只是在当时条件下具有相对确定性。二是人类认知与把控能力的有限性。人类认为，通过科学所认知、研发的技术是确定的、可控的，但在实践中，技术应用却揭示出其非确定的、复杂演化的特性。三是利益驱动下该技术应用的投机性与负面效应的连锁性。转基因作物技术本来期望能够达成减少农药使用、提供产量、节约土地等目标，然而，在技术应用推行中所带来的红利诱惑着人类支配技术的行为，甚至包括了像投资那样不顾风险推行技术产业化发展的举措。在享受技术带来红利的同时，人类的支配力越强，科技所带来的副作用也就越大。而技术作为一种社会建制的存在必然会给整个人类社会各个层面带来连锁式的负面效应。因此，面对科技不确定性风险，我们应积极探索相关路径，进而消解科技非理性风险，以力求规避这些负面效应。

2. 科技不确定性风险理论的启示

科技不确定性风险虽然对人类认知以及技术的应用等造成了极大的挑战，但我们应积极正视这种挑战，努力规避风险而不是采取或忽略或漂白的态度。一方面，我们应看到并不是所有技术的应用都能带来正向技术红利，技术红利可能同时携带着负面的灾难；另一方面，正是由于人类对知识的认知存在局限性，因此，我们对于转基因作物技术的应用应更加审慎。此外，我们还应明确：正是由于当下的高新科技存在诸多的不确定性，即使我们不能再一味依赖专家，而应尽可能拓展科学共同体，将各个群体尤其是普通公众纳入公共决策框架中。更为重要的是，公众参与讨论不应只是流于形式的对其灌输科技知识或让公众来理解科学知识，而是应该将专家的专业知识与公众的常识、经验、文化价值进行融合，形成公共的知识，并在此基础上对转基因作物技术应用或存在的风险进行预估，进而形成相关的预警方案和补救措施。这一商讨过程，不仅是公开、透明、互动的体现，更是利益协商、风险共担等共识达成的过程。

此外，科技不确定性风险与科学知识密不可分。专家学者对知识的掌握具有优越性，所以应尽可能确保这一群体具有良知与伦理精神。同时，科技不确定性风险具有时间域层面的累积爆发性，这意味着我们不仅应树立风险预警意识，更应审慎推进转基因作物产业化。科技不确定性风险理论的意义在于：一旦科技的发展过于迅猛，我们就该意识到现有的认知把握、价值取向和伦理规范就不能再有力应对科技的不确定性。这就意味着我们需要有可遵循的规范原则、坚定的立场、治理的逻辑及行动的程序，而这恰恰为转基因作物产业化公共决策僵局提供了问题转换路径，即我们不以"发不发展"为争议问题，而是避免在面对不确定性风险时表现得更为"无知"。我们应重视转基因作物技术可能存在负面效应，而不是不愿承认它或有选择性地承认它。在此基础上，社会各界应进行共同治理以凝聚共识。

（三）后常规科学话语互动满意人理论

1.后常规科学话语互动满意人理论的主要内容

对于这一理论的内容，我们应该先来把握后常规科学话语的概念，再分析互动满意人理念。这是由于转基因作物产业化决策在技术层面、价值层面只有不确定性并能呈现出不同于常规科学的判断和决策的特征，因此需要扩展科学共同体，力求使公众参与其中并拥有切实的话语权。而互动满意人理念则是后常规科学话语的延展，它强调在认知受限的情境下，应充分在互动中探寻符合善性的决策，进而达成满意共识。下面我们将对这个理论进行详细分析。

后常规科学话语是由后常规科学理论及后现代话语理论二者提炼而成。后常规科学是由意大利学者福特沃兹（S.O.Funtowicz）和英国学者拉维茨（J.R.Ravetz）于20世纪90年代初期提出，是一种将复杂的科技镶嵌在自然和社会情境中并整合探讨的方法论①。而本书所探讨的转基因作物技术存在潜在的一些非期望结果，其出现的概率、范围及影响程度在目前都还无法完全了解并做出判断。该技术的不确定性及价值层面的高度争议性使得其与传统的常规科学决策存在较大差别，蕴含着后常规科学的特征。

后现代公共话语理念则是由查尔斯·J·福克斯（Charles J. Fox）和休·T. 米勒（Hugh T. Miller）提出的。这两位美国学者期望从话语环境的角度构造一个民主的制度空间②。所谓后现代（Post-modern）是相对于现代而言，意指20世纪60年代兴起的以质疑的思维去批判现代社会功利、单一的价值观。在此基础上，后现代话语理念期望公众通过话语权的形式表达心声进而改变单向度的、僵化的、只追求功利的价值观，而这恰恰是公众有效参与转基因作物产业化决策的题中应有之义。基于此，我们将二者融合为后常规科学话语理念，并将其用作探寻公众参与转基因作物产业化公共决策的有效路径。

互动满意人理论是基于满意人的决策理论及动态群体理论融合而成的。赫伯特·西蒙（Herbert Simon）提出，满意人理论是基于对经济人决策模式的批判，它希望在理性中有一种恰当的符合人善性的决策模式③。

动态群体理论由玛丽·福莱特（Mary Parker Follett）提出④。她认为，在利益分歧的情况下，群体成员应通过思想和行动的互相渗透交织成一个更大的整体，而个人可在新整体中满足自己的利益。这不仅是一种参与式的群体过程，更是一种协商式的群体互动过程。由此，上文所述的后常规科学话语在参与表达上明确了公众与知识精英、利益团体及行政主体在转基因作物技术评价、价值诉求探讨等层面的话语权利。而互动满意人理念则在此基础上对其进行了延展，强调持续深入互动来消除安全隐患、利益层面的分歧以逐步实现决策达成基本伦理共识，这便是后常规科学互动满意人理论的内容构想。

---

① 〔意〕S. O. 福特沃兹、[英]J. R. 拉维茨：《后常规科学的兴起（上）》,《国外社会科学》1995年第10期。

② 〔美〕查尔斯·J. 福克斯、休·T. 米勒著，楚艳红、曹沁颖、吴巧林译：《后现代公共行政：话语指向》，人民大学出版社2013年版，第389—408页。

③ 〔美〕赫伯特·西蒙，詹正茂译：《管理行为》，机械工业出版社2014年版，第143页。

④ 〔美〕玛丽·福莱特著，马国泉译：《新国家：群体组织，建立受人欢迎的政府途径》，复旦大学出版社2008年版，第87页。

2. 后常规科学互动满意人理论的启示

后常规科学话语理论直指科技运用领域的公共决策，尤其在公众参与层面又更为具体地聚焦于公众对话，其强调的是一种自愿、真实、多中心的参与规则和秩序。公众对话能够较好地注重个人、群体、组织之间在感知共同利益的基础上自发通过谈判、表达等方式进行利益协调。因此，后常规科学话语理论为转基因作物产业化公共决策提供了一个解决争议的可能途径。

后常规科学话语可避免独白式的操纵。独白（Monologue）在公共决策语境下是指自说自话，独自陈述个人或群体愿望的话语①，这种话语形式往往是单一式的。对于转基因作物产业化来说，目前主要依赖于媒体会议、听证、科普，甚至是对公众进行社区式的科学教育等形式。然而，值得注意的是，这些看似民主公开的活动其实收效甚微，甚至并不能提高公民参与度。相反，这些活动往往加剧了相关机构的权威和独白，因为这些活动只是单向的、由上至下传递信息，而后现代科学话语理论则强调公共对话。公共对话是多人的对话，在一定程度上可以打破这种单向、由上至下的指令式的话语。更为重要的是，只有对话才是平等协商民主的参与，才能使权力本位转向权利本位。

后常规科学话语可形成真正多数人的对话。转基因作物产业化公共决策目前仍带有以专家——官僚——利益体为主的封闭性，且转基因作物技术的复杂性必然也少不了专家学者的话语意见。如果转基因作物技术一旦实施了产业化发展，生物技术公司售卖的转基因作物种子则将跃居产业链利益的首端。此时，官僚精英们就会以科技自主权、粮食安全、农贸发展等带政治色彩的技术预期为话语指向。而后现代科学话语直指公共对话，这在一定程度上可以打破这种封闭性。公共对话构成的基础元素是"多数人"和"对话"，因为只有多数人才能形成公共，而只有对话（Dialogue）才能真正指向一种讨论关系、一种表达关系、一种互动关系。同时，一旦人数多起来，少部分那些有特殊意图的参与者的力量就会相对削弱。由此，多数人的对话才是实质

---

① 董志强：《话语权力与权力话语》，《人文杂志》1999 年第 4 期。

的民主公众参与，也才是具有意向性的行动。

后常规科学话语路径可由网格式的参与实现。所谓网格式参与，是指在计算机互联网形成的空间下，不同背景、不同利益、不同权利、不同知识的人可为实现其自身权益而发言参与的情境①。这样的网格式参与有助于人们将注意力集中在一个特定主题进行细化讨论，以形成多中心多利益的话语方式。同时，此举也容易形成一个公共能量场（Public Energy Field）。能量场本是物理学上的概念，福克斯和米勒将其引入到公共决策领域，指参与者因不同的利益、观点而不断讨论、协商甚至是通过冲突形成的具有力量、能量的时空产物。在公共决策领域，其所指的是参与者不断重复话语并动用一切具有能量的社会关系来影响公共决策过程的场域②。在这个网格场域中，公众自愿表达的诉求可得到较好的落实。

在此基础上，互动满意人理论则更为聚焦于对达成转基因作物产业化公共决策伦理的共识，并可起到持续促进的作用，这一点体现在以下几个方面。

首先，互动满意人理论的核心就在于深化各方参与，这种参与不仅限于保障民主、正义这些亘古不变的价值，而更在于细化分歧交融，从而让彼此了解并掌握争议的焦点到底是什么。这样才可切实推进问题的解决，同时也是形成满意共识的前提。

其次，互动满意人理论的最大特征就在于深化对话、交流。但沟通要达到效果，就必须运用及充分理解科学的表述，并注意内容的给定、表达方式以及信息强度等因素。唯有如此，才能让公众的注意力真正集中在正确的认知层面，而不是一味敏感偏激地对待转基因作物产业化，这恰恰是共识形成的基础。

再次，互动满意人理论十分强调群体成员通过思想和行动的互相渗透来面对各方利益的"同"与"不同"，以达成利害公正分担的妥协认知。因为转基因作物产业化所带来的技术红利涉及生态效益、经济效益以及社会效益等

---

① 竺乾威：《公共行政理论》，复旦大学出版社 2008 年版，第 398 页。
② 〔美〕查尔斯·J.福克斯、休·T.米勒著，楚艳红、曹沁颖、吴巧林译：《后现代公共行政：话语指向》，人民大学出版社 2013 年版，第 389—408 页。

各个层面，其所带来的冲突和争议也是多重的。面对长期形成的利益争端，政府在互动满意人理论下的公共决策应站在更高的一个角度去接纳"不同"、积极面对"不同"，这恰恰又是形成共识的保证①。

综上，后常规科学话语互动满意人理论对转基因作物产业化公共决策这种多元、复杂且具有争议的问题提供了一种开放、协商、持续、互动以及最终可以形成满意共识的可能途径。

三、审视转基因作物产业化的决策伦理情境

本研究的核心问题是转基因作物产业化公共决策的伦理困境。为有效研究这一问题，本研究拟定了四大块研究内容：转基因作物产业化公共决策困境的表现、公共决策伦理困境的根源、公共决策应确立的伦理精神及公共决策伦理的践行。

（一）转基因作物产业化公共决策伦理困境的表现

在转基因作物产业化公共决策困境方面，当下有众多文献对其进行了研究。经过文献梳理，我们发现，最关键的困境在于对转基因作物产业化安全性的评估，尤其是对人体健康和对生态安全这两大方面的评价。此外，在基于安全模糊性境遇下推行转基因作物技术产业化又会进一步产生在其效用预期、风险及利益分配不公、公众权利民主保障等方面的公共决策伦理困境②。这些困境主要蕴含了认知诚信、利益公正、程序民主方面的伦理性。所谓公共决策伦理困境表现，其是一种现象的外在展示形式，是基于描述的

---

① 徐治立、刘柳：《中国转基因作物产业化决策伦理共识路径探讨——基于互动满意人理念分析》，《中国科技论坛》2017 年第 5 期。

② 毛新志：《我国转基因主粮产业化的伦理困境》，《中共天津市委党校学报》2011 年第 6 期。

视角而进行的阐述。下面我们将按照安全评估（技术应用前提）——效用预期（应用目的）——利益不公（应用目标存在异化）——公众权利保障（应用最终的可接受度）的逻辑来分析转基因作物产业化公共决策伦理困境表现。

在安全性评估方面，表现为当下的实验研究无法对转基因作物技术的安全性给出确定结论的困境。客观来说，任何一项技术都存在着潜在的不确定性。转基因作物技术则更具复杂性。这是一种基因插入技术，在基因的转入及其后续的种植、制成转基因食品等各环节中却无法完全预测出其对生态环境、人体健康的潜在影响。除了该技术本身及操作层面蕴含的不确定性外，其在安全评价层面也存在着模糊性。目前，对转基因作物安全性的评估是基于对其成分和传统作物的成分进行相似性比较来判定的。这样的评估不仅单一而且不够科学，尤其是缺乏全面的毒理实验和品系检测，可能造成忽视过程演化及不同品种转基因作物差异性等问题。

在上述评价原则的指导下，对于转基因作物及其产品在具体检测的方法主要有核酸检测、蛋白质检测这两大类。这两种方法中存在着过于快速和高通量化的问题。核酸检测主要是通过对 DNA 的提取，看其是否呈阳性，再检测其所含转基因的品系及成分量，进而与已知品系比对来获得其安全性。而蛋白质检测则主要基于对酶复合物的显色及显色深浅来检测转基因的品系及成分量。在这两种检测方法的基础上，再评价转基因作物对环境（主要聚焦于对土壤和田间其他种群的影响）和人体健康（主要评价毒性和致敏性）的影响。由此，这两大类的检测方法依然只是通过与已知品系进行比对，而没有更全面、历时性的检测，确实存在评价过于快速的问题。

而在转基因作物 OECD 共识文件中，关于转基因作物的安全评价方面，建议检测相关的必要参数来判定。其中最重要的操作就是将转基因作物按品种类别与亲本系进行参比标准进行比较[①]。然而，对如此复杂且又多品系的转

---

① 参见经济合作与发展组织、农业部科技发展中心编译：《转基因作物 OECD 共识文件》（卷一），中国农业出版社 2010 年版，第 23 页。

基因作物而言，现有评价无法做到将每一种类别的作物再次进行品系细分，进而检测其相关参数，这就会造成转基因作物安全评价高通量化的问题。一方面是目前的检测方法在特异性排查层面还处于相对欠缺的状态，可能造成筛查漏检的情况；另一方面是对于有些多重外源基因的品系，目前的检测方法无法做出有效的定量分析，从而无法精确定位这些多重的外源基因元件对人体健康是否会产生毒性及过敏的影响。这些问题都表明：转基因作物育种及插入基因的快速发展与现有的技术检测条件支撑相比确实过于快速化和通量化，这正是公众对转基因作物及其产品的安全性存在诸多疑虑的原因所在。

此外，转基因作物产业化制成的产品一般是饲料和食用品。然而，即便是饲料产品也有可能会导致人类在健康方面的隐患：人类食用肉类，而很可能喂食该肉类动物的正是转基因作物制成的饲料。因此，启动动物实验与人体实验来测试转基因作物的安全性就变得尤为迫切。目前的测试大部分是通过诸如小鼠这样的哺乳动物的喂食实验，然后观察其消化系统、肝脏、血液等方面的指标是否正常来获得数据以判断转基因作物的安全性。同理，在生态环境方面，也存在着同样的问题。例如，目前主要检测转基因作物根系分泌到土壤里是否含有抗虫蛋白等诸如此类的实验在方法上并无更多的创新，其获得的数据历时性也不够长，甚至一项实验证明有害，另一项实验又证明无害，这些情况都反映了转基因作物技术在安全性评估层面上存在的困境。

在效用预期上，转基因技术在安全性评估层面上存在的困境表现为存在原初技术应用目的异化的困境。转基因作物技术的原初目的是抗虫、增产、减少农药用量，并在一定程度上使农民获得闲暇、少接触农药并缩减种植成本来获得增收效用。这说明，转基因作物技术应用领域主要集中在农业，其最初的效用目标也集中在农业效益上。但实际上这些效用复杂、多变、难以预测，且存在异化状况，进而导致其效用落空，甚至出现负面效用的境遇。下面我们主要从农业视角来对其进行具体分析。

第一，是否对农业具有革新作用。科学家认为，本着传统的农业生产方式，现有的自然资源无法实现粮食大幅增产及国际农贸市场所要求的品质标准。而转基因技术作为科学创新的技术产物，可突破耕地面积和单位面积的限制来实现增产，是农业生产的"事半功倍"的"有力武器"。尽管转基因技术既可提高粮食等农产品产量，又可满足贫困地区公众的需求，但亦有科学家指出，当下的实验水平还不能完全精确地预测一个基因在新遗传背景中会发生什么样的相互作用，而且转基因生物是过去人类历史上从未经历和遇到过的新鲜事物，其转入的有益增产的基因会经历怎样的复杂演变还存在模糊性。这就意味着转基因作物技术增产功效只是一个预期，而且其对农业是否真的具有革新作用也还不明朗。

第二，是否对土地生态具有保护作用。部分环保专家认为，转基因作物有利于对土地生态资源的保护，尤其是耐除草剂的转基因作物可以大幅减少使用农药从而达到保护土壤的效果。同时，这种耐除草剂的转基因作物，其根系分泌的除草剂成分可以在土壤里迅速分解，不会造成残留。此外，耐除草剂作物特别适用于免耕或者耕作减少的农业系统，有助于保护表层土壤不被侵蚀。然而，带有抗除草剂基因的转基因作物是否会因其抗除草性产生耐受而长出超级杂草？其对土壤的指标参数又会有何影响？之后的"灭草任务"是否会给土地生态带来负面效应？这些问题依然存在着不确定性。

第三，是否对农户具有增收作用。农户们采用抗除草剂的转基因作物品种，其目的是控制野草和减少害虫，这样可简化其繁琐的田间劳动并保护其在生产中的安全，也可以在管理农作物上花费更少的时间，从而挤出更多精力进行其他创收活动。然而，本是除草灭虫的好效用，却由于转基因技术本身的基因融合遗传的演化过程和机制、与土壤生态等各种生命体形成的因果关系等均难以界定而产生出了困境[①]。很难说，农户能依靠这种转基因技术实现增收效益。这些都是在效用预期层面存在异化、落空的情况。此外，我们没有建立转基因作物产业化的综合效用评估体系，也缺乏科学和有效的评估

---

① 参见曾北危：《转基因生物安全》，化学工业出版社2004年版，第26页。

这些效用的精确方法[①]，这也造成了转基因作物产业化公共决策困境问题的复杂性。

在利益上，转基因技术在安全性评估层面上存在的困境表现为基于上述好的效用的预期，还附带了一系列其他层面甚至是私人利益而产生的不公正现象。在转基因作物产业化链条下，存在科技专家的研发利益、生物技术公司的产业利润、公共机构追求的科技主权及农贸目标等多方的利益，这就容易引发利益分配的问题。目前转基因作物产业化利益的主要获得者是转基因技术的科学家和大型跨国公司，而其对生态环境的危害、对人体健康的风险却反而由广大公众来承担。关键是当前还未有真正的一套分配制度能合理、公正、有效、明确规定转基因作物产业化的风险、利益、责任及补救措施。印度新德里的非政府组织"基因运动"主任萨瓦（Suman Saha）甚至一针见血地指出，所谓的利益，其实是生物技术公司在免费获取几千年的民间传统育种经验的基础上通过利诱科研专家、游说决策机构而形成的利益链。由于这些利益主体将转基因技术中的不确定性进行了忽略，无形中造成了将风险抛给了公众以及由此产生的利益分配不公正的伦理困境。这些公司蚕食着遗传的多样性，以获得遗传资源的慷慨赏赐。他们把遗传资源轻微地修饰制作，然后用专利形式保护起来，再以高价出售[②]。尽管每个群体，甚至每个人都存在内在的逐利动机，然而，强势群体总是能获取较多的利益。弱势群体不但不能获得利益，甚至原有的诸如健康、知情、表达商讨、自由选择等这些利益也无法得到保障。

公众权利保障上，转基因技术在安全性评估层面上存在的困境表现为知情选择、参与商讨的权利难以落实的困境。转基因作物产业化语境下的公众权利是指能如实了解该技术应用相关信息、能自我表达、自主决定的权利。先哲康德就明确指出，尊重一个人的自主权是基于所有人都具有绝对的价值和每个人都有权决定自己命运的能力的认可。人是有价值、有尊严的生命，

---

① 参见金微：《转基因争论背后的鬼魅身影》，《绿叶》2010年第10期。

② 〔美〕杰里米·里夫金著，付立杰等译：《生物技术世纪：用基因重塑世界》，上海科技教育出版社2000年版，第67页。

是理性的生命实体①。然而，转基因作物产业化公共决策首先就隐含了一个假设，即转基因作物技术的科学原理是正确的，它能带来好的效用。而公众在这方面定位会因缺乏相应的科学知识而导致忧虑。因此，应当大力向公众进行科普、宣传转基因作物技术的原理及其益处，以促进转基因作物产业化并获得公众的支持。但是，这样的思维会使得转基因作物技术被权力化、政治化，从而在一定程度上禁锢了公众参与商讨的精神。

这种困境很可能会导致公众呼吁自身权利保障的诉求得不到回应。这种自身保障的权利关涉知情、选择、参与和监督。具体来说，在知情选择层面的保障应有：第一，种植户对转与非转种子的选择。种植户作为公众的一员，其处于转基因作物产业化链条的前端。种植户在种子市场上应当具有选择转基因种子或者非转基因种子种植的自由，而不是以转基因种子可增收来强行让种植户购买。第二，公众对转与非转食品的知情选择。这是指公众能够从市场上自主选择转基因食品和非转基因食品进行消费。如果市场上销售的都是转基因食品，那么消费者将无从选择。第三，公众对转与非转食品的购买力。如果市场上销售的大部分食品都是转基因食品，而传统食品价格太高，普通大众没有能力购买非转基因食品，那么公众的选择权就很难得到保障。

而参与和监督的保障是应让公众参与转基因作物产业化的相关讨论，尤其是应了解公众对转基因作物技术的原理知识了解程度、接受度和消费意愿等内容。例如，关于转基因作物的安全性，公众和科学家的理解并不一致。有些专家甚至试图探讨公众的恐惧逻辑——为什么不怕杂交却怕转基因？公众们害怕跨物种，而在科学家眼里，转基因最具优势的地方就在于可跨物种。而监督权是指公众有权利监督转基因作物产业化公共决策的信息是否真实可靠，是否科学、民主、公正透明。任何科技应用的相关公共决策都应当允许争论，转基因作物产业化公共决策亦不例外。也只有这样，转基因才能达到技术改进、安全规范以及被人们接受应用的目标。

---

① 徐宗良、刘学、瞿晓敏:《生命伦理学——理论与实践探索》，上海人民出版社 2002 年版，第 23 页。

（二）产生转基因作物产业化公共伦理困境的原因

基于上一节转基因作物产业化公共决策伦理困境表现的内容分析，这一节我们将对其产生的原因进行讨论。上文中对其相关伦理困境表现的分析，更多的是基于描述的视角，而对原因的探析则应是基于解释的视角，即基于现象转化为问题再进行因果关系探寻。从上述内容中我们不难发现：转基因作物产业化公共决策伦理困境的问题主要集中在技术本身的安全层面、因技术应用而负载的利益层面以及公共机构作为最终决策主体是否尊重公众诉求、遵循民主程序这3个层面。而这些层面的问题缘由可概括为转基因作物技术本身的复杂性、技术应用境遇下的利益负载和公共决策缺乏民主商讨3个方面。下面我们将对这3个主要方面的原因一一进行分析。

1. 转基因作物技术本身的复杂性

客观来说，做到精确识别每个基因的结构、功能种类与动态变化、基因间的相互作用，人类现有的能力还不够。更何况转基因载体与自然界其他植物、动物甚至人类也会出现相互作用，这就使得对转基因作物技术规律的把握更为困难。同时，自然界的植物本身亦具有能动的适应能力，也就是所谓的遵循"丛林法则"的生长，这亦存在复杂的演变过程。这些生长变化大大增加了人类对转基因作物认知的难度[1]。正是因为转基因作物技术的这种复杂性，我们更应对其安全性进行全面检测。然而，该技术从研发到推广一直在持续发展，而最为重要的动物实验、人体实验却尚未真正实现三期完整、全面的检测。

对于关涉人类生存条件的技术，对其进行安全检查的流程不仅需要动物实验，还必须进行人体临床试验，这样才能形成较为全面、历时性、综合、有参考价值的报告。而人体的临床试验一般又应分三期进行，每期还应有志愿者人数的规定，少于规定人数是无效的。袁隆平曾建议招募年轻的志愿者进行长期的临床试验，他们吃了没事，他们今后生的孩子也没问题，才能基

---

[1] 刘述良：《复杂性视野下转基因政策风险区别组合管理》，《南京农业大学学报》2010 年第 4 期。

本判定转基因的安全性[①]。

但是，转基因作物及其食品的安全检测目前只在小白鼠身上以动物试验的方式进行，并没有在人身上做过临床试验。而且白鼠喂食实验也只是进行普通的血液、消化、肝脏等方面的观测，检测方法并无创新。喂食及观察的时间也不够长，无法形成真正有效的综合报告。

此外，对于动物实验和人体实验，也有人提出过伦理质疑。例如，有些人对是否人的福利就优先动物的健康提出了质疑。还有观点认为，植物也是生物，对自然的植物进行强行的基因重组，这似乎说明转基因作物技术本身也蕴含伦理性。当然，这些质疑的角度是从纯伦理的角度提出的，而且是从道义论的角度所进行的思考，非常有意义。但是，这并不意味着这些角度的探讨就能彻底否决转基因作物技术从研发到应用所存在的意义，我们需要以理性的态度看待这项技术。

转基因作物技术的复杂性使得当下我们对其安全性的把握还存在欠缺之处，这是导致公共决策伦理困境的根源，因此，我们对这项技术的应用应更为审慎，这就凸显了对其进行相关检测进而提出抗风险方案的重要性。然而吊诡的是，技术检测——应用境遇下又负载了其他利益，这使得转基因作物除了在技术层面存在潜在风险性，还造成了利益负载下的人为风险。

2. 技术检测——应用境遇下的利益负载

上文中主要分析了转基因作物技术本身的复杂性导致了其应用的公共决策伦理困境。基于这一情形，我们应加强对转基因作物技术的检测并对可能存在的风险进行防控。然而，对转基因作物技术进行检测和推进其应用的过程亦负载了逐利需求，同样造成了公共决策伦理困境。这主要集中体现在以下几个方面：一是大型生物技术公司期望通过颁布检测安全的报告以实现对转基因作物的推广和获得控制型的专利，从而达到利益垄断的目的；二是检测人员希望能获得名望及资金支持，以达到其利益目的。

[①] 魏铭言、袁隆平：《转基因食品应做临床试验确保安全》，腾讯网，http://news.qq.com/a/20100305/000623.htm.

　　大型生物公司为达到利益垄断而对转基因作物实行控制型的技术专利保护，其手段主要有：一是让所有种子都来源于转基因技术，并受专利保护。转基因种子的价格非常昂贵，这是生物公司盈利的途径之一。而生物公司又可以通过收取专利附加费、签订购买许可协议并实现对转基因种子的垄断。同时，随着转基因作物和种子的普及，转基因作物加工制品则会由于种植成本的下降而获得更多的利润。二是专利保护来自法律和技术控制。传统的种子一般来自于对当年所收获的粮食进行挑选储存再种，这样的种子是没有知识产权的，是共享的。而转基因种子是有知识产权的，如果擅自留种会被追究法律责任[①]。为防止种植户留种，转基因生物技术公司还特意发明了种子再生限制技术。即在转基因种子里植入一种特殊基因，使种子再次成熟时能产生一种毒素，从而杀死胚胎以造成其无法生长，目的就是以此让种植户必须每年购买种子。三是在技术产品上不断升级换代。这种不断的升级导致了一些小的生物技术公司、发展中国家即便在研发上努力达到了自主知识产权，却依旧无法在市场上占有真正意义上的一席之地。大型生物技术公司、发达国家拥有技术先机，可以在开放的市场中不断更新种子品种以占领市场并最终控制整个种子链。四是开发相关的农药和化肥等配套产品。一旦使用了转基因作物公司的种子，就要使用其配套的农药和化肥等产品，这不仅存在着捆绑销售的问题，更可怕的是这样的结果往往会导致土地只能适应转基因种子，进而造成转基因作物的整个种植过程都高度依赖转基因生物技术公司。

　　检测人员获得名望与资金支持的利益具体来说体现在以下方面：一是检测人员所做的实验及所得出的结论，凡是能刊登出来的相关报告，是经过层层审查批准的，然而这种情况会对科学研究结论的真伪产生巨大影响。二是生物技术公司甚至会控制检测人员研究结果的发表，这样的研究结果打着科学的名义，其实质却受到金权的影响，实质上是一种科学与反科学、规范与反规范的技术检测—技术应用过程。更为可怕的是，公众在应用此技术时，

---

① 顾秀林：《转基因战争：21世纪中国粮食安全保卫战》，知识产权出版社 2011 年版，第 33 页。

就会成为风险的主要承担者，其在想表达安全层面等最基本的利益诉求时都无法得到保障。

3. 公共决策缺乏民主商讨

公共部门作为公共决策的决断者，在面对生物公司、专家等利益集团的游说和面对公众安全的诉求时，本应将这些群体纳入商讨范围以符合民主性并促进共识。然而，基于对科技主权、粮食安全及农贸利益的考虑，公共部门会倾向于推进转基因作物产业化发展，这就可能存在打着追求履行所谓的经济发展、科技创新职能的旗号，掩盖民主商讨性、合法合理性，甚至进行利益寻租的问题。更为重要的是，这样的倾向很可能会阻碍公众发表其诉求并且造成公众的利益无法落到实处。

客观而言，一项科学技术如果还处于实验室研发阶段，并不会引发社会的广泛探讨和公众的恐慌，而一旦对其进行规模化的实践应用，就会与公众日常利益密切相关。尤其是转基因作物技术还关涉人类的生存条件，这更使得公众对该项技术的应用心存忧虑。面对如此复杂的生物技术以及多重的价值争议，公众更希望了解真实的相关信息。例如，转基因作物技术研发的进展状况、安全检测实验的真实结论以及如果不实施产业化应用，科技主权、粮食安全及农贸发展是否有其他替代路径等信息。事实上，公众渴望参与转基因作物产业化公共决策来表达其诉求并同各个主体共同探讨方案，而不是被贴上"缺乏科学素养"的标签而无法参与商讨。

民主商讨的前提应是相关信息的如实公开。媒体本是信息传播的重要媒介，然而，在面对公共部门的决策偏好，面对生物技术公司、相关研发人员以及检测专家等相关利益体的游说及其对自身私利的追求时，媒体却发出了不同的声音。媒体失职行为主要表现在该发声时集体沉默、不该发声时发声上。在把握话语权、引导舆论和抵御争议的过程中，媒体由于受利益诱导，报道的信息往往是经过筛选的，造成公众无法了解转基因作物产业化公共决策的核心问题及方案措施。

民主商讨还应有具体可践行的途径。一是要明确不论是支持还是反对的意见，所讨论的问题却应该是可分析的。这意味着商讨的问题应聚焦到更关键的检测机制、信息共享平台建立完善等层面上，而不再是在浅层次上煽动转基因技术的阴谋性。这有助于明确公众参与的渠道，使其了解真实信息，从而避免非理性的误导。二是要明确商讨的方案具有灵活性和补救性。这意味着转基因技术在保证其增产效益的同时，不能给生态环境、人类健康造成负担。一旦发现其可能存在的风险，则应从审批程序追踪控制、种植控制等层面进行灵活补救。这就从方案商讨层面保证了公众安全诉求的内容。三是要明确关于转基因作物技术的专业治理机构的存在。除了能获取真实的相关信息及提出丰富的方案，公众还应在技术认知、学习层面进行能力提升，这将有利于参与并推动真正科学、民主、善性的公共决策。当然，这也意味着转基因技术专业治理机构应具有独立性、完备性，能有公开交流的制度机制，推动民主商讨进程，破解困境。

（三）转基因作物产业化公共决策伦理价值取向

上述一系列现实境遇使得转基因作物产业化公共决策面临着技术层面的诚信问题、利益公正问题及程序民主问题。在辨析了困境及其缘由之后，还应明确何种价值取向才能符合转基因作物产业化公共决策，下面我们将对此进行分析。

1. 认知诚信伦理

所谓诚信，意指诚实可信。在人类行为伦理体系中，它是一项基本义务，是实现其他道德规则的基础，是一种非利润刺激的品德。"诚信"一词的基础性含义在转基因作物产业化公共决策语境中又特指对这项技术的认知是否真实的问题。同时，没有"诚"就无所谓"信"。因此，善的动机是关键。唯有善才有可能获得真的信息。尤其是转基因作物技术本身的复杂性，使得该技术应用的前提条件就在于遵守诚与信的伦理精神。

认知是指对知识的认知。在转基因作物产业化语境下，它是指对这项技术原理、检测在多大程度上能认识到其安全性，即对求真的考察。这一概念涉及认知主体内在信念、内在精神状态的智性、德性问题。作为人类，我们的认知能力有限，所处的境遇亦动态多变，然而精神上的求善仍然是对伪知识进行修正的高贵道德。

由此，转基因作物产业化下的认知诚信应当如实将其可能存在的风险告知公众，不得将相关科学知识原理及不确定性随意进行"漂白"，这既是一种承诺，又是一种确信的保证。同时，遵守认知诚信伦理还意味着转基因作物技术应遵守相应的评价检测规范，以达到最大程度减少人为的风险性事件的发生，这是一种科研道德、科研秩序，认知诚信伦理还意味着公共决策应当遵循自律性与责任性。自律性是指应当排除转基因作物技术利益负载的干扰，而责任性则是指该公共决策最终的方案应能对社会公众负责。总之，认知诚信伦理意味着转基因作物产业化公共决策不应依附于任何欲望对象，而应当在技术风险层面予以大力研究并将目前所知悉的相关技术层面的信息如实告知公众，这才是转基因作物产业化公共决策该做的，也是符合自律、负责、诚信等伦理精神的公共决策。

2. 利益公正伦理

利益，在大百科全书中，被宽泛解释为一切好处[①]。亚当·斯密认为，利益是人类行为的原动力。[②] 马克思也指出，人所争取的一切都与利益相关。[③] 关于利益公正的内涵，不同学者对其解读亦不同：有指向分配的公正、机会的公正及结果的公正等含义。利益公正不仅仅在于均和平，更在于遵循正义性，这是在利益公平的基础上更指向广大的公众、广大的弱势群体的利益保护。

转基因作物产业化语境下，利益公正的意涵则主要指向三个层面：第一

---

① 《中国大百科全书·哲学卷》，中国大百科全书出版社 1982 年版，第 123 页。

② 〔英〕亚当·斯密著，郭大力、王亚南译：《国民财富的性质和原因的研究》（上卷），商务印书馆 1972 年版，第 37 页。

③ 《马克思主义哲学全书》，中国人民大学出版社 1996 年版，第 29 页。

层面是指能享有平等、正义获得转基因作物及其食品安全的权利，这是每个个体的基本权利，是利益公正的前提。第二层面是指转基因作物安全评价应科学合理，符合正当性及公众的权益。尤其要保证公众知情选择的权利，这是基于基本权利的基础上拓展到具体评价过程中须秉持公正精神的内在意涵。第三层面则拓展到转基因作物安全评价的结果层面——不安全的转基因作物及食品造成的风险也是不公正的，即风险是附着在阶级模式上的，只不过是以颠倒的方式体现：财富在上层聚集，而风险在下层聚集①。试问，如果转基因作物食品在价格层面比传统作物食品实惠甚至低廉，那么，购买力弱的贫困群体怎么可能不会成为转基因作物食品的消费主力呢。然而，万一转基因作物食品真的被检测出具有危害，那么这一弱势群体就成为了风险的承担者，这就是一个不公正的伦理问题。而针对这些问题，更应在告知公众真实信息、公众的诉求内容、公众是否能获益、风险的分担对公众是否公正这几个层面进行探索。

公共决策与利益密不可分。正如密尔所言，公共决策的独到之处就在于"代表公众的选择"对整个社会资源进行权威分配②。转基因作物产业化公共决策的利益公正伦理更应保证受影响最大而参与表达又较为弱势的公众的利益。唯有注重公共性及人的回归而不是只按照科技投入那种应用红利的思维，才能真正实现公正的伦理精神。

3. 程序民主伦理

民主与行政事务密切相关，其被认为是公共决策践行的德性。民主指向公众的意愿，是国家—公众这一核心关系形成的互动模式。而程序民主在学界较为统一的意涵是指公共决策以公民理性、平等的对话为媒介，不受金权影响，进行公共说理的伦理实践③。程序民主可对公共决策方案进行审议、论证，这能较好获得共识及公众的满意。

---

① 〔德〕乌尔里希·贝克著，何博闻译：《风险社会》，译林出版社 2004 年版，第 36 页。

② 〔英〕密尔著，余庆生译：《论自由》，中国法制出版社 2009 年版，第 45 页。

③ 〔美〕阿尔蒙德著，曹沛霖译：《比较政治学》，上海译文出版社 1987 年版，第 32 页。

程序民主应当遵循两个标准：一是有关公众参与表达的自由和渠道；二是有关的公共决策的主张应当公正，满足公众的意愿。公众参与表达的自由和渠道，实际上明确了公众平等并在一定的制度层面保证了公众这一自然赋予权利的实现。公共决策主张公正、满足公众意愿，这一点表明了它能够倾听他人意见，找寻恰当、可接受方案的规范取向。由此，转基因作物产业化公共决策民主伦理的实现应有一套规范的程序，并在参与渠道上保证公众自由、平等表达的权利。而在方案层面，转基因作物产业化公共决策则应考虑公众的意见进而达成满意共识。

具体来看，在转基因作物产业化公共决策语境下程序民主伦理首先应确保其无害性、安全性，这是符合民意的体现。而民意的满足恰恰是公共决策民主、合法、正当的前提。其次，从公共决策过程来看，其前提是明确参与主体，尤其是保证公众的参与，因为只有公众才是转基因作物产业化安全诉求的最佳发言人。公共机构履行的则是"传送带"的职能。如此才满足普遍参与权利的保障，而这恰恰又是公共决策民主正义的核心。再次，从公共决策的内容来看，其商讨过程不仅是各参与主体、诉求、逻辑、行为展示的过程，更是对利益的关联和利益的均衡的审议，这是公共决策是否探寻各群体共同利益并积极促进公众福祉的公正性的判定标准。

尤其是转基因作物技术可能存在风险性，而其所负载的技术红利又呈现出复杂多重状态，因此，对转基因作物产业化公共决策方案在技术检测、应用路线、范围及预警措施等层面的商讨将有助于公众对该项技术的了解及接受。而这种商讨的目的则是解决分歧以达成共识，这亦是公共决策民主精神的体现。由此可见，程序民主应对人的权利予以承认和保障、对相关内容进行理性商讨，而公告决策目标也应在恰当考虑的"效率"之外与民主、公正、人道等精神相协调。

（四）转基因作物产业化公共决策伦理的践行路径

伦理是一种软性的道德约束力，然而公共决策则具有非常强的实践性。

对于转基因作物产业化公共决策来说，其更是一项基于技术复杂性以及政治、经济、社会等层面综合考虑而做出的权衡及利益分配的公共政策。良好的伦理精神是形成安全、规范的转基因作物产业化推广的前提。因此，我们有必要讨论转基因作物产业化公共决策伦理的践行路径，以将其落实到具体实践层面。

按照转基因作物产业化公共决策关涉的认知诚信、利益公正、程序民主的伦理精神及相关逻辑链——动机（或者说目标）、是否符合程序规范、出现问题如何追责以及如何通过媒体向公众传播相关信息，相关群体需要通过交流沟通来进行利益协调。同时，相关群体还应形成一定的信任关系，这是公共决策能够最终得到接受的关键因素之一。在这种相互信任的协调机制下，我们才可从伦理审查、长效追踪、有效监督、失职处罚、媒体责任、交流沟通、利益协调、信任共建这 8 项机制中去进一步实现转基因作物产业化公共决策的伦理价值。

基于转基因作物产业化公共决策蕴含的 3 个基本伦理价值以及上述相关机制的路径指向，我们还可从公民实地陪审、个案情境探讨的科普层面；从转基因作物商业法的落实层面；从以可量化的数据为依据溯源相关管理机构的责任层面；从媒体人通过信息披露规范媒体道德的层面这些具体的措施来将转基因作物产业化公共决策伦理落实。

从探究转基因作物产业化存在的困境及其根源着眼，到确立相应的伦理精神，再到明确相关机制、措施来践行这一道德伦理，这个过程形成了公共决策的循环并提供了解决僵局的路径指向。这不失为一种理性思考并遵循人性的伦理思路。以上便是本书的基本研究框架和研究内容，在随后的章节内容中，我们将进一步对其展开探讨。

第二章

转基因作物产业化公共决策伦理困境

转基因作物产业化公共决策一直处于争议状态，其困境主要在于对其技术安全性尚无定论。对于公共决策中有疑义的方案应将其纳入各群体进行商议并将相关信息公开以进行监督、进一步推动问题解决，这一过程关涉公共决策最主要的两大层面——参与主体与信息公开。为此，本部分将对转基因作物产业化公共决策伦理困境按此逻辑展开分析，并从安全性层面、参与主体层面及信息公开层面分别进行讨论。

一、安全性层面的公共决策伦理困境

在这一部分中，我们将从技术本身、技术检测、健康环境、粮食农业科技主权这 4 个主要方面进行分析。

（一）技术本身蕴含安全性和伦理性困境

人类所处的自然生态资源的有限性、人口增长的粮食需求、农业革新发展的呼唤等现实因素，使得转基因作物技术得以诞生、推行。在一定阶段这或许能够解决上述的一系列难题，因此转基因作物技术也带给了人们对它的高度期待。然而，这项复杂的生物技术所蕴含的潜在风险与其可能带来的福祉是并存的。因此，对于转基因作物产业化发展的首要问题应是对其进行科学、全面的认知，并且进行稳妥的安全评价。在查阅转基因作物技术文献的过程中，我们发现该技术在对植物的基因操作上存在一定的安全性和伦理性问题，下面我们将就此进行探讨。

在传统的植物育种技术中，植物接受外源基因的方式只能是通过授粉。科学家们为了实现基因转移重组，最终想到了利用农杆菌打破植物生命对重新编程的抵抗的方法：因为农杆菌具有一个特殊功能，即它可侵染植物基因并把自己的大段质粒 DNA 送进植物的细胞核中，从而与细胞核内的原有的天然 DNA 融合。因此，科学家用农杆菌作为载体来搭载人工选择出来的基因。然而，农杆菌属于致病的病源物质，可能存在毒性。不仅如此，更值得注意的是，来自完全不同的生物的外源基因被插进植物细胞里，这个基因本身并不能让自己在宿主内表达出来。所以，农杆菌基因的密码子是被人工修改过的，而这样的人为操作有多安全呢？这就在一定程度上反映出了该技术的非天然性和潜在风险性。

在农杆菌导入外源基因的基础上，科学家们担心外源基因不能进行精准融合，为此，他们紧接着又采用了新的方法——基因枪，将外源 DNA 送进基因组中。基因枪经过多次改良，现在基本采用的是用气流推动微观粒子的方式。由此可见，转基因作物里的基因几乎都经过了删除、重排和冗余插入等步骤，而且关键在于这种外源 DNA 片段的导入在当前的植入方式层面还不够精准。这样就非常可能导致宿主基因表达不稳定，或激活一些处于沉默状态的其他生物化学途径。每一种后果都可能会激发产生非预期的毒素，或者造成其他有害物质，这是转基因作物技术存在潜在风险的原因之一。表 2—1 则更为全面地展示了当前转基因作物技术的基因转入方法。

表 2—1　实验室常用转基因方法

转基因方法分类	转基因方法	转基因技术简介
第一类	农杆菌介导法，包括共培养法、叶圆盘法和活体接种法	植物的分生组织和生殖器官作为外源基因导入的受体，通过真空渗透法、浸蘸法及注射法等方法使农杆菌与受体材料接触，以完成可遗传细胞的转化
第二类	DNA 直接导入法，包括圆球体法、脂质体法、聚乙二醇法、电激法、显微注射法、激光微束法、基因枪法、离子束介导法和超声波法	将外源目的基因通过显微注射等方法导入受体细胞
第三类	花粉管通道法	授粉后向子房注射含目的基因的 DNA 溶液，利用植物在开花、受精过程中形成的花粉管通道，将外源 DNA 导入受精卵细胞，并进一步地被整合到受体细胞的基因组中，随着受精卵的发育而成为带转基因的新个体
第四类	植物病毒介导法	主要是 DNA 植物病毒作为植物基因工程的载体，将目的基因转移到受体细胞中

资料来源：中国产业信息网，http://www.chyxx.com/industry/201410/285105.html.

如表 2—1 所示，当下对于转基因作物技术进行基因转入的 4 种方式，从技术操作层面来说，主要都是以注射、导入的操作方式进行的。这意味着即便转基因作物技术的操作方式不断在革新，但其核心操作手段并无明显不同。换言之，遗传转化技术仍然难以做到精准插入与整合到特定位点，而且插入的外源目标片段预期与实际插入片段之间可能也不相同。这种插入位置效应和外源插入片段带来的结果存在一定的未确知性，从而引发了人们对转基因作物技术安全性的担忧。

就技术本身而言，转基因作物技术也存在一定的伦理争议，因为其转入的基因都在一定程度上损害了物种个体基因的完整性。早在 1990 年，"荷兰国家动物生物技术委员会"就已经将"完整性损害（Violation of Integrity）"作为衡量基因修饰的道德标准。有部分科学家认为，植物不能算作真正的具有主体性的客体。然而越来越多的证据表明：植物具有多种感觉并能够对环境做出反应[1]。同时，谴责之声质疑转基因违反自然生物的内在价值，指责其通过混合物种之间的基因篡改自然。若转基因技术应用的目的是出于人类眼前的、狭隘的、非根本的利益，那么这项技术则将具有更多负面的伦理争议。

此外，何为好的基因呢？通过转入抵抗杂草、病毒、抗旱、耐寒的基因所形成的植物就一定是好的作物吗？我们人类其实无法真正理解大自然的进化、遗传，更没有能力去做基因的挑选工作。众所周知，科研道德和科研规范要求科学家们要出于好的动机从事研究，要求真求善，但科学技术导致坏结果的事例早已屡见不鲜。好树结出坏果子这样的情况确实客观存在。尤其是关于转基因这种复杂的生物技术到底能为人类带来什么这种问题，这真的很难预料。所以，对于这种还不能完全认知透彻，也未能检测出其潜在风险并做出有效补救机制的技术，我们应谨慎对待、严格控制，以避免"代达罗斯之翼"悲剧的出现[2]。

然而，也有学者质疑，即便我们应当尊重植物本身的完整性，那么，当人类真的面临饥荒等灾难时，我们是否可以考虑将转基因作物技术产业化以获得稳定增产等效用呢[3]？对这一问题的回答显然存在着伦理抉择及价值排序的问题。对此，梵蒂冈宗座传信大学教授鲍里斯（Velasio DePaolis）曾说过，当你饱肚时，就容易拒绝转基因食物。但面对那些需要救助的贫困饥饿的人民时，又会存在人道主义问题[4]。

由于转基因作物技术本身就蕴含安全性、伦理性问题，因此，科学家对于外源基因插入的方式破坏了原有基因的完整、转基因作物所呈现的基因表达是否持续稳定、农杆菌的致毒性以及其他基因插入方式的精准程度等问题

---

[1] Mauron, A. Ethics and the Ordinary Molecular Biologist. In: W. R. Shea and B. Sitter (eds.). Scientists and their Responsibility[M]. Canton: Watson Publishing International.1989:252.

[2] 古希腊神话中的代达罗斯是一个有着超凡技艺的雅典艺术家，因涉嫌谋害侄子而流落岛国。在那里，他利用携带丝线的蜘蛛逃出迷宫，并用蜡和羽毛制作翅膀与儿子一同飞离。但他的儿子没有听从父亲不要飞得太高和过低的忠告，最终越飞越高，被太阳烤熔了翅膀上的蜡，命丧大海。技术使代达罗斯成为非凡的艺术家，但同样使其亲人丧了命。

[3] 肖显静：《转基因技术生物完整性损害伦理拒斥的正当性分析》，《中国社会科学》2016年第2期。

[4] 转引自曾北危：《转基因生物安全》，化学工业出版社2004年版，第34页。

都还需进一步展开研究以得出转基因作物技术具有安全性的有效结论。否则，仅谈这项技术所带来的一系列效用都将毫无意义。

（二）实质等同安全评价原则不完善的困境

对于转基因作物技术的安全性的争论还体现在评价原则层面。在 2016 年美国颁布转基因标识法之前，始于 1993 年的实质等同性原则作为对转基因作物技术安全性方面评价的主要原则，由经济合作与发展组织（OECD）提出。这个原则主要是说因为通过转基因作物及其所形成的最终产品在成分上与传统食品大体相同，因此转基因作物及其产品是安全的。不同的专家学者对这个原则有着不同的见解。有专家直接指出实质等同性原则存在一定的模糊性，因为此原则主要分析的是成分，而忽视了生化、毒理学、过敏性和免疫学的实验和检测。[①] 实质等同性原则是否对所有的转基因作物及其产品都能适用，这也是众多学者提出的一个疑问。换言之，这一原则在一定程度上忽视了对不同个案的具体评价。因此，还有学者指出，实质等同性原则应是风险评价原则的补充而不应成为主导评价原则。实质等同性原则中的"实质"主要比对的是化学成分，但这无法进一步检测出加工制成的转基因作物食品成分中是否存在基因的转移、突变。

从逻辑上来说，实质等同性原则在其含义上确实存在一定问题。其逻辑论证如下：转基因作物是天然的植物和所转入基因的结合体。如果转基因作物（A）的成分（A1）与传统作物（B）的成分（B1）等同，即 A1=B1，则 A=B。然而，实质并非如此，而且实验室内的等同与实验室外的应用会存在差异性。更为重要的是，我们无法明确定义"实质"的"质"到底是什么成分。这些"质"的成分如果稍不一致，又应如何确定其一致或不一致的比例呢？这在认知及具体操作上都存在不严谨之处：它忽视了对决定性因素——不同"质"的探索，也忽视了对不期望效应出现的探索。由此看出，此原则

---

① 张辉:《生物安全法律规制研究》, 厦门大学出版社 2009 年版, 第 173—176 页。

确实存在简单化的缺陷，其具体表现如下：

1. 实验不足：缺乏过敏性、毒理学及免疫学全面实验

实质等同性原则评价的着眼点在于对成分的鉴定，但这其中存在着实验不清晰的问题。虽然实验的目的是通过科学手段来检验结果，然而仅靠分析食品的化学成分，无法进一步检测出经加工制成的转基因作物食品的成分是否存在基因的转移、突变，是否会影响生物产品的性能、质量[1]。也就是说，成分检测并不能检测基因重组情况，也不能准确地预测食品对人体及环境在生化、毒理、过敏免疫等方面的影响。只是基于实用目的，选择了众多实验中的一种来作为代表，这是整体实验机制缺乏的体现。实质等同的实验评价应切实考量两个核心点：一是其在多大程度上能达到成分等同；二是其在多大程度上能确保实验可靠。同时，转基因作物形成的基本步骤是对基因进行分离、纯化、重组等。那么，其安全评价也应利用相关的细分的每一个步骤进行实验检测，包括对转基因作物及其产生的其他物质，只有这样才能较为全面地对其进行安全评价。

2. 忽视过程：只评价结果、无个案过程差异

从其涵义来分析，实质等同性原则关注的是结果而非过程，这就意味着其检测模式，只是从最后环节的产品进行控制。然而，天然作物的基因与新转入的基因结合会有什么样的过程演变？同时，转基因作物加工成转基因食品的过程，需要经过高温、高压、酶促、发酵等一系列复杂的物理、化学、生物反应，如果我们不进行全过程检测，恐怕会产生其他负面效应。例如，转基因作物内置基因的非杀虫性蛋白经过一系列的反应过程后，是否会激活？而人是否又能食用[2]？这在结果评价上是无法得出有效结论的。此外，转基因研究属于生物科学的范畴，该学科有个名词，叫作"个体差异"。面对差异，就应全程观察和区别对待。例如，全过程对生态环境进行监测，不仅

---

① 毛新志：《转基因食品的伦理问题研究综述》，《哲学动态》2004 年第 8 期。

② 朱俊林：《转基因食品安全不确定性决策的伦理思考》，《伦理学研究》2011 年第 6 期。

要对转基因作物进行分品种检测，更要对其可能产生的风险进行全过程分类检测，尤其是转基因作物的各基因、要素相互结合，将使整个过程存在不同作用层面的演化，或致基因无法表达或造成功能失调，甚至可能激活毒性等，这恰恰是转基因作物复杂性的体现①。换言之，只有对转基因作物检测进行过程、差异检测，才能有效找出其特异性进而最大可能避免风险。

3. 线性逻辑：忽视转基因作物及产品的内在联系

仅仅基于转基因作物与传统作物在成分上的相近，就认为实质等同性原则能够推行应用，这样的评价过于片面和单一。更重要的是，这种科技思维是线性式的还原论的简单思维，即在纷繁复杂的情况下将检测实验简化成对产品成分的还原、追溯及比较，孤立地看待成分中的基因影响，并没有分析转基因作物到转基因作物所形成的产品之间的内在联系。转基因作物到转基因产品之间的联系可能是隐性的，也可能是内在的、重叠的，但不可能是片段式、分离式的。如果我们仅用简化和比对的思路去看待转基因作物及产品，那么得到的结论一定是不完整的、有缺陷的。当然，当人类对客观事物的认识存在各种制约的情况下，把问题化繁分解确实能够产生一定的作用②。但是，所谓的探索科学是有边界的，或者说是有特定时空限制的，否则在实践运用中就会隐藏一定的风险③。比如，我们是不是还应对转基因作物所转入的基因进行代谢图谱比对？再如，100 克的爆米花含 15% 转基因大豆和 85% 转基因玉米等成分，这些转基因成分含量又是如何界定的？公众能接受的阈值范围又有多大④？这些问题都没有得到确切审慎的回答。线性的思维无法切实把握转基因作物及种植到产品形成这二者间的实质关联度，这是其问题所在。

---

① 〔美〕尼古拉斯·雷舍尔著，吴彤译：《复杂性——一种哲学概观》，上海世纪出版集团 2007 年版，第 8 页。

② 〔美〕斯蒂芬·罗斯曼著，李创同、王策译：《还原论的局限》，上海世纪出版集团 2006 年版，第 18 页。

③ 刘信：《转基因产品溯源》，中国物资出版社 2011 年版，第 165 页。

④ 米丹：《科技风险的历史演变及其当代特征》，《东北大学学报（社会科学版）》2011 年第 1 期。

4.缺乏历时：缺乏方法、数据所形成的长期有效的综合报告

已经有很多专家建议应对转基因作物种植情况进行长期检测，而对转基因食品则更需要进行动物或人体的实验以保证安全。但目前的检测方法、数据仍是以一般的动物喂食，观察指标为主，检测过程存在测试时间较短、不够充分全面、结果并不准确等问题。这些检测或实验方法所得出的数据只能说明部分问题而不能形成综合有效的结论性报告。基于这样的现实情况，我们确实应当反思——除了对转基因作物技术研发应进行投入外，更应从另一方面，即对测试其安全的方法、数据进行深入的研究并形成具有历时性的综合的、有效的报告。比如，历时性指向的是长期性，因此，我们可将观测时间延长。同时，动物实验可更细致观测其肠道里的消化情况而不只是肝脏指标等。只有经得起长期观察得出的数据指标结果才能形成有效的综合报告。

5.价值隐患：片面追逐技术红利取向

转基因作物技术一旦应用可带来技术专利、农业发展及农产品贸易，进而促进整个经济发展等层面的利益。然而，这种利益驱动下的评价，更多考虑的则是成本、市场推广、公众接受等因素，这就必然会导致上述的忽视毒理、只评价成分、一刀切的线性思维及历时性短的评价问题。同时，对于转基因作物这种高新生物技术的应用，人们因对其不了解而会带有一些担忧、惧怕与排斥。想要让公众接受该技术并占领市场获取商业利益，那么强调转基因作物成分与传统作物的成分无明显不同似乎是最好的"安慰剂"，而且这样还可最大化节约评价检测成本。这一过程历时较短，可将转基因作物以最快的速度进行转化运用从而带来利益，但却存在着片面追逐技术红利的价值取向隐患①。

因此，转基因作物安全评价在其商业化过程中是十分重要的环节，亦是一个非常复杂且不易把握的环节。面对实质等同原则评价的不完备性，为尽

---

① 徐治立、刘柳：《实质等同性原则缺陷与转基因作物安全评价原则体系构建》，《自然辩证法研究》2017年第8期。

量避免上述评价存在的缺陷，我们应采用多元的、有机联系的逻辑和思维去综合考虑、判断进而积极推动转基因作物安全评价原则体系多层次的构建。

（三）健康和环境安全层面的困境

转基因作物产业化与公众最相关的问题就集中在健康和环境这两大安全领域上。在人体健康层面，公众主要是担心食用转基因作物形成的食品，或者食用经转基因作物饲料喂养的动物可能存在积聚毒性、过敏反应、破坏营养以及对抗生素产生抵抗性这四大类健康问题上。

这一问题其实与上文的内容相关，因为转基因作物食品的安全与否，首先就体现在这项技术的安全性上。安全性是转基因作物食品的基础，其次才是考虑加工成食品过程中的方式、添加剂等步骤以及食品行业标准的安全性问题。基于这样的思路，应从转基因作物与传统作物的育种原理上进行溯源分析。

虽然基因育种与传统育种都是基因重组，本质皆为杂交育种，且二者也都以遗传学为理论基础，但传统育种的生物个体都是顺应自然的（亲缘植物杂交再选择优良种子进行再培育）而诞生的，而转基因技术则是自然界原来本不存在的，是被创造出来的（按人类意志进行不同物种的基因进行重组）。[①]所以，我们应该正视转基因作物技术与传统育种技术存在的差别。由此，对这项技术的安全性检测就应更加细致，更不能套用传统作物技术的检测方法。

2016 年 7 月 29 日，时任美国总统奥巴马签署了联邦转基因标识法，这意味着美国基本否定了转基因食品与非转基因食品之间的"实质相同"，同时也保证了公众的知情权。但目前并没有更多、更好、具有创新方法来对转基因作物进行安全评估。人体试验或许得出的检测结论能更精确，但这存在伦理争论。阿森纳是人体试验的拥护者，他认为：人体试验研究非常有必要，因为在狮子或马身上进行实验不可能完全证明其同样能对人有效。而贝纳德则

---

① 欧庭高、王也:《关于转基因技术安全争论的深层思考》,《自然辩证法研究》2015 年第 1 期。

认为，决不能在人身上做可能有伤害的实验，即使其结果对科学有益、对他人健康有利。从科技的角度看，要让实验结果有效就需要进行人体研究，这是科技自身的价值取向。对人体进行实验必须全面考虑并保护受试者的健康安全，这是人类进化发展必须遵循的根本价值取向，亦是人类文明进程以及整个人类的基本利益。

根据目前国际公认的伦理原则，不应该也不可能让人连续吃某种食品吃上十年二十年来做实验，甚至将其延续到他们的后代身上。此外，人类的真实生活丰富多彩、食物多种多样，用人吃转基因食品来评价其安全性，不可能像其他实验那样进行严格的管理和控制，也很难排除其他食物成分带来的干扰作用[①]，这也是转基因作物食品一直未进行人体实验的一个原因。面对转基因技术对人体健康检测的困境，也有科学家跳出动物实验还是人体实验的僵局，指出可基于现行的化学品、食品及其添加剂、农药、医药等评价，采取超食用常量的实验，再应用一系列世界公认的实验模型、模拟实验等方法进行推算，以解决长期食用对人是否存在健康隐患问题。如果这种评估模式能继续发展、完善，或许能为转基因技术是否影响人体健康的检测提供可操作路径。

在环境安全层面，公众担心转基因作物技术将所添加新基因的物种投植到自然界，可能会打破自然界的平衡，干扰自然界自身的生长力。人们在具体层面的担忧主要表现在两方面：一方面是超级杂草害虫抗性的出现导致农药使用的增加而形成新的化学污染；另一方面是由于基因漂移导致生物多样性的丧失、生态系统的失衡而形成严重的生物污染。其中，由基因漂移或转基因逃逸导致的基因污染是转基因作物造成生态风险的主要原因之一。一般而言，植物的基因漂移可以通过两种方式来实现：第一种方式是通过种子传播，即转基因作物的种子通过传播在另一个品种或其野生近缘种的种群内建立能自我繁育的个体来实现。第二种方式是通过花粉流，即转基因作物通过

---

① 吴孔明：《转基因食品不影响生育能力和后代》，观察者网，http://www.guancha.cn/indexnews/2014_10_17_277039.shtml.

花粉传播，与其他非转基因作物品种或其野生近缘种进行杂交和回交，而在非转基因品种野生近缘种的种群中建立可育的杂交和回交后代来实现。[①] 更需引起注意的是，不论是抗杂草、抗病毒还是耐寒、耐旱的转基因作物，都可能减少动植物生物多样性的损失。例如，美国大规模种植玉米的田地里看不到任何鸟类，这是因为抗虫转基因作物的种植虽然可以消灭虫害，但也可能带来食物链的断裂，进而冲击自然生态系统。这样可能导致其他品种的灭绝，破坏生物多样性[②]。这是转基因作物技术在环境影响层面的困境，仍需我们更深入探究及解决其可能存在的风险。

技术的发展必须以环境保护和人类健康安全为前提，因为人是社会性的存在，人与自然界在本质上是统一的，而这种统一反过来又构成了社会。正所谓天人合一，二者是融合的。人虽然可以追求其想要的"幸福"，但人同样对其自身所依赖的世界应当负有责任。因此，人对自然界存在着关切与保护的伦理责任而不是一味地对自然界进行征服与改造。

由此，在安全层面，各国在转基因作物技术发展初期就应对其进行一系列安全性评价和法制化管理，尽最大努力将安全隐患扼杀在萌芽状态。此外，转基因作物产品的安全性还应受到国际监督，因为在全球化背景下，转基因作物的流动性非常强。国际组织如联合国粮农组织、国际卫生组织、经济合作与发展组等应对转基因技术在人体健康、环境安全等内容上作出明确的指导性规定。在此基础上，各国还应参照本国的具体情况，制定相应的法律法规，以保障转基因作物规范、安全的发展。

（四）粮食农业科技主权安全层面的困境

粮食安全和国家主权安全是紧密相连的问题。粮食安全是一个国家的基础，是民生之本。如果一国粮食的根基不稳，那么在全球化的大背景下，就

---

① 卢宝荣等：《转基因的逃逸及生态风险》，《应用生态学报》2003 年第 6 期。

② 李国祥：《科学对待转基因技术应用推广》，中国社会科学杂志网，http://sscp.cssn.cn/xkpd/tbch/tebiecehuaneirong/201309/t20130927_1085210.html。

易受制他国并威胁到主权安全。由此，转基因作物技术的发展还关涉政治层面的问题，公共机构基于其行政履职及责任的考虑，恰恰引发了该公共决策的相关困境。

粮食安全是基于满足国民生存需求而言的安全问题，主要体现在以下几个问题上：一是能否满足本国人民量的需求。如果满足，则是非常理想的境遇。二是能否支撑本国的农业技术及自然资源等粮食生产所依赖的因素。这与上个问题相关，关涉持续性满足量的问题，即使是天赋自然资源比较好，但持续性不够，资源也可能会变差甚至枯竭，这也会造成粮食安全问题。三是本国所生产的粮食除了满足量的需求外，还能否满足人们质的要求。曾有农产品案例表明，本国生产农产品并不能获得人民的青睐，反而进口的同类农产品在质上优势赢得了市场，这就导致了本国农产品滞销、农户受挫，进而使得该类农产品依赖进口，这亦是粮食不安全的体现。四是本国粮食若不能满足人民需求，会造成人们恐慌，致使整个国家也不能实现稳定有力的发展。

而这些考虑的最终指向是提升本国的农业生产及适当进口农产品的问题。由此，采用农业新技术的决策被搬上日程，这亦是转基因作物技术从研发到推广的实际背景。基于此，我们还需要考虑另一层含义上的粮食安全问题。

这一层面的粮食安全问题指向的是自主研发的转基因作物技术是否安全的问题。这不仅是粮食问题，同时也是主权问题（如果不是自主研发的技术，需要购买他国专利，这可能导致技术、粮食、基因库、甚至主权均受制于他国），更是对于这项技术应用公共决策相关基础信息是否真实的考量。因此，对于这个问题的探讨又应在转基因技术本身的目的性、安全性及价值性等层面进行辨识，以分析其是否符合公共决策伦理。

而转基因作物技术的目的性与价值性这二者具有一定的重合性，这是因为其最初的目的或者说研发动机与技术本身的价值性相关。但目的性更多则是针对研发阶段而言的。价值性则更多体现在应用阶段，而安全性则是连接目的性和价值性的基础。如果没有安全性，转基因作物技术也就失去了意义。因此，下面我们再从转基因作物技术研发的目的性、其应用的价值性及其安全性进行分析，以更好把握其在粮食安全及主权层面的困境。需要说明的是，这一节的安全性问题不再更多探讨人体健康、生态环境这一层面上的安全，这是在上两节的内容上已经有较细致的分析，这一节的安全性问题，更多考虑的是宏观层面的粮食安全及主权安全问题。

从技术研发目的性的层面来说，科学家们在探索自然生物学、遗传基因学的过程中发现了基因转移重组的奥秘，这本是基于追求真理，满足好奇心驱使的行为。然而，需要注意的是，科学家们的好奇心可能会被政治动机、利益诱导所绑架。因为这其中涉及转基因作物技术研发、应用的求真与求善的问题。在求真层面，英国科学家约翰森认为，科学是人类的认知和其他创造力合作以达到"美"的一种组织系统，而科学家正是加入了这个系统所以才不断逼近事物的"真"[①]。 在求善层面，政治动机和科技研发本应是良性的互动关系，因为一方面科技研发依赖于政治动机背后的主体——国家的扶持。另一方面，反过来说，政治动机背后的主体也和科研主体成为了委托代理关系[②]。而一旦这种关系得以确立，那么这样的好奇心就不单纯是好奇心了，政治动机也就会与国家利益驱动下的科研发展产生"善"的冲突问题。

从技术应用的价值性层面来说，基于上述粮食安全的考虑，或者说，农业发展就可能会遇到诸如杂草、虫害及病毒等减产的现实境遇，需要有新的农业生物技术来解决这些问题。尤其是转基因作物的品种又主要是以抗草剂、抗虫、抗病毒等类型为主，而且其优势亦体现在提高产量、减少水土流失及减少劳动力投入等方面。由此，转基因作物技术的特征恰恰能在一定程度上解决这些问题。

再从宏观的安全性层面来说，对转基因作物技术安全性的担忧主要表现在：一是担心转基因作物技术应用是否会与外来资本相勾结形成利益集团，打着提高粮食自给、粮食安全以及捍卫科技主权、国家主权的幌子，昂首阔步占领科技与粮食生产各环节，这样的后果不可估量。

---

① 〔英〕E.A.约翰森:《一个科学家的成长》,《科学与哲学研究资料》1986 年第 2 期。
② 徐治立:《学术自由研究的意义》,《自然辩证法研究》2005 年第 1 期。

二是担心转基因作物技术的兴起是否与发达国家为获取海外利益的战略有关。转基因作物技术最早诞生于美国: 1983 年的一种抗除草剂转基因烟草。第一例转基因作物商业化应用——1994 年转基因番茄亦在美国。而美国有众多生物公司巨头(如孟山都、杜邦等)以及粮食公司巨头(嘉吉、ADM、邦吉等),它们需要走出美国,因此需要市场、需要机遇[1]。这是出于对企业利润及农业收益的考虑。此外,甚至有言论揭露了美国借助绿色革命来控制粮食短缺的贫困国家,这就又涉及了政治伦理层面的问题——人类种族生物安全以及垄断技术服务造成的新奴役[2]。大家都是世界公民,身份平等,不存在何种民族、人种的优劣问题,唯有明确这一点才能走上人类文明的大道。而转基因技术应用带来的政治支配,不似以往的暴力控制,而是通过技术的垄断来约束对转基因技术有需求和依赖的团体、国家,这样就形成了事实上的支配、控制与奴役关系。

三是担心转基因作物技术应用只是实现增产却忽略了粮食市场弹性的问题。从经济角度考虑,粮食供需达到平衡最好。然而,这只是理想的模型状态。一般而言,粮食市场的弹性较小,生产得多就会不值钱,生产得少就有安全问题。如果基于利润考虑而多生产粮食并储存进粮库,这最终会导致粮食贱卖伤农的情形[3]。因此,所谓的转基因作物带来农业技术革新,其实质往往掺杂了复杂的利益成分。马克思曾说,"有 100% 的利润,资本就敢践踏一切人间法律;有 300% 以上的利润,资本就敢犯任何罪行,甚至去冒绞首的危险"[4]。长此以往,粮食战略安全就无法得到保障,而这正是该公共决策需要警惕的问题。

四是担心转基因作物技术应用与科技自主权问题。转基因作物技术应用一定要明确该项技术所包含的所有基因材料是否为本国的专利技术,否则就

---

[1] 顾秀林:《绿色革命和转基因种子的另一面》,《中国禽业导刊》2009 年第 3 期。

[2] 高兆明:《警惕转基因技术应用的政治伦理风险》,中国社会科学杂志网,http://sscp.cssn.cn/xkpd/xszx/201309/t20130927_1115879.html.

[3] 刘锐:《保证粮食安全不能靠拉大旗》,观察者网,http://www.guancha.cn/LiuRui/2013_12_08_190701.shtml.

[4]《资本论》,人民出版社 2004 年版,第 23 页。

将面临侵权问题。如果有些转基因作物的品种还受国际性条约的约束，那么，这种遗传元件、基因或是转基因植株的迁移就会受到《材料转移协议》的制约。这个协议规定，基因或者转基因植物仅限科研用途时可无偿使用，不允许用于商业用途。若希望用于商业目的，则需在商业化之前进行一次谈判并签署一份特别的协议，确保材料提供方能够获得经济利益。

尤其是转基因农作物新品种的发展很快，特别是涉及国家粮食安全的一些农作物，如水稻、玉米等。但是，一些关键的技术和材料都已经被别国的机构和单位通过专利实现了控制，这就会关涉科技主权问题。其中，孟山都公司的做法最为典型。孟山都通过销售转基因种子和农药，又尝试通过那些签署了转基因种子专利协议的进口商来赚取更多的利润。值得注意的是，这些专利大部分都集中在上述几家大型跨国公司手中，而其他国家就专利侵权已经提起了许多诉讼案件。众所周知，专利赋予了专利持有者独一无二的经济特权，其对经济领域最直接的影响就是种子价格，这会带来一系列的连锁反应：种子公司通过加收专利费抬高转基因种子的价格，而其所生产的转基因作物产品的价格最终还是由普通公众承担。主粮产品的价格一旦上涨，甚至会带来整个社会性的恐慌，这些都是转基因作物产业化公共决策在粮食、农业、科技、主权层面的困境。

总之，对于转基因作物产业化公共决策，其安全性问题始终是一个争论焦点。不论是上文所探讨的技术本身的安全性还是检测层面的安全性，抑或是人体健康生态环境层面的安全性，又或是宏观层面的粮食农业科技主权上的安全性，这些都是涉及转基因作物产业化公共决策安全性的关键问题。因此，转基因作物产业化公共决策在短期内仍然不会结束争论。此外，我们还应呼吁——将这些相关信息告知人们，以使那些此前可能感到被排除在讨论之外的人们能够形成自己的看法。[①] 由此，转基因作物产业化仍需持续互动，进一步探讨意见分歧的具体问题，才能找准方案达成各方共识。

---

① 《英国皇家学会也认定转基因农作物安全》，观察者网，http：//www.guancha.cn/Science/2016_05_25_361634.shtml.

二、参与主体层面公共决策伦理困境

继上文探讨了技术安全性层面的问题后，接下来我们从公共决策关涉的参与主体入手进行分析。转基因作物产业化作为一项公共决策，本身就是各参与主体进行商讨的过程。由此，公共决策运行的起点就在于明确谁参与的问题。而转基因作物产业化公共决策关涉复杂的生物技术领域，在利益风险分配上又具有特殊性和争议性，其所涉主体非常广泛、多元。为此，有必要对参与主体进行讨论和分析。

（一）参与主体构成科学性困境

转基因作物产业化公共决策的参与主体是指能够影响转基因技术应用前景或能够受到其影响的个人或组织。众多文献认为，该技术产业化在研发、生产、销售和消费的链条中主要涉及科学家、发达国家、大的跨国转基因技术生物公司、生产者、销售者、发展中国家、中小公司、农民、消费者等多重主体的利益诉求和博弈，其中，科学家、发达国家、大的跨国公司、生产者、销售者是主要的受益者，而发展中国家、中小公司、农民、消费者收益甚微，甚至可以说是主要风险承担者。这些主体会通过科技讨论，在夹杂经济、政治等社会因素形成的合力中对公共决策形成不同的影响作用。而参与主体构成所谓的科学性的主要衡量指标在于：除了科技专家的专业性咨询外，更多体现在其是否纳入了最广泛的不同群体以保证多元化的发声，这样才能从众智、众诉求、众意见中丰富方案，使其科学、完备、民主以达到最终的可接受性。为方便讨论，本研究将参与主体归为知识精英、利益团体、政治官僚、普通公众这四大类。下面我们将对其逐一展开分析。

对于知识精英参与主体的科学性讨论，有部分观点认为，只有分子生物学家或转基因专家才有资格参与决策讨论。其他的专家，诸如环保专家、昆虫学专家、经济学专家、医学专家、伦理专家、法学专家等都没有接触过转基因技术，没有相关专业知识，不能给出精准、科学的意见。然而，这样的构成容易导致专家评定的封闭性：即便分子生物学家或转基因专家有专业的知识、相关的实验报告，能给出相关判断式的意见，但这依然不能具有至上的权威性和代表性，因为这样的评定意见太过同质化，缺乏异质性。尤其是因为转基因作物技术涉及复杂生命及生态系统知识原理的高度不确定性，却并不能像以前的常规科学那样可达成较统一的判定。此外，专家的认知能力也是有限的，再加上专业的分化，科技专家们往往只是从其自身擅长的领域提供相关意见。由此，不同领域、不同专业的专家更需要跨界合作，形成科学性、治理性的意见。

对于利益团体、政治官僚的参与的质疑主要是在于其可能负荷利益偏好而不能科学、公正参与讨论。利益团体基本以生物技术公司为主，其所研发的技术渴望获得利润。这种情况对科学的真伪会造成严重影响，尤其是由其出具的检测报告可能会完全听从资金供应者的意见来发表，这是利益驱动以及利害关系压力下的谋利行为。对于政治官僚来说，他们既是参与者，甚至也是最后的"拍板者"，属于既当运动员又当裁判员。他们或基于科技主权、或基于农业发展、或基于粮食安全、或基于农贸态势等情形来考虑发展转基因作物产业化，但也可能存在基于利益团体的游说而将自身私利卷入其中。

对于普通公众参与科学性的质疑在于其缺乏相关科学知识。例如，这样复杂深奥的技术，公众可能连很多专业术语都未曾听过，何来科学的讨论意见？这种观点明显是将公众边缘化，认为转基因专家才具有真正内行、专业的认识。然而，即便是转基因技术专家，他们也不能完全精准地判断该技术到底是否存在风险。此外，对于转基因作物产业化的评价又不仅仅是评论这项技术，而是评价涵盖健康、环境这最主要的两大领域以及延伸至政治风险、经济风险、伦理风险等多方面的评价，应当是科学层面和社会层面共同的、全面作出的风险评价。公众才是受转基因作物产业化影响最为深远的群体。一旦风险爆发，他们是该技术后果的亲身经历者、承担者，而且转基因作物技术从诞生到讨论产业化，至今亦有近30年的历程，在日常实践中公众已经获得了许多相关认知。因此，公众不仅有资格参与转基因作物产业化公共决策，甚至可以说，最终方案是否能推广的关键就在于公众接受与否。

因此，对于转基因作物产业化参与主体的选定范围应当广泛。同时，各参与主体的地位应当是平等的，尤其是复杂的科学应用公共决策，不应只认为从事转基因技术的专家才具有权威性。产业化发展的方案对整个社会都会产生巨大影响，因此，经济专家、伦理专家和普通公众，他们却作为参与主体才能具有代表性。他们可从社会、文化、伦理等层面对转基因作物产业化进行解读以形成更为科学、全面、综合的方案。通过纳入最广泛的参与主体，还能对某些别有用心的利益团体和政治官僚起到监督及制衡其权力的作用，这样才能尽量保证参与主体构成的科学性。

（二）参与主体存在角色冲突困境

上文主要讨论的是参与转基因作物产业化的相关主体是谁以及这种构成是否科学合理的问题。在探讨参与主体构成的过程中，我们发现在上述四大类参与主体中，利益集团因主要考虑技术盈利而倾向于推广转基因技术；公众则因恐惧技术风险而不乐于接受其商业化发展；而作为对该决策能提供专业性意见和具有最终决定权的知识精英及政治官僚则存在一定程度的"价值非中立"问题。造成这四类参与主体复杂化的原因，在于存在角色冲突的问题。所以，接下来则主要分析知识精英和政治官僚这两大参与主体的角色冲突问题。

角色冲突是社会学用语，其主要有两方面的意涵：一是指不同角色间的冲突；二是指一人担任多角色的身份，而在不同角色切换间的心理和行为的冲突①。本研究主要关注的是第二层的含义，即知识精英与政治官僚这两大参与主体都拥有不同的角色身份而产生冲突，可能影响决策的科学性、公正性。

知识精英的二重角色是指一方面其可作为纯粹的探索知识的科学家，另

---

① 参见〔法〕爱弥尔·涂尔干著，渠东译：《职业伦理与公共道理》，上海人民出版社 2001 年版，第 27 页。

一方面则是作为有影响力的智库。前者指向其专业性，后者则在于应避免其存在利益负荷，要做到客观中立的咨询，而这二者的冲突体现在作为求真求善的科学家，本应是利用技术解决风险问题，或者是认知到技术存在的问题，能如实告知和建立起一系列的"禁忌"，以促进科学、善性的公共决策。然而，基于政治、经济等因素的介入，这些本应作为智库的科技专家或因负载自身私利而不能为真理发声。比如，有些参与决策的科技专家一边做转基因研究一边与生物科技公司合作，甚至被这些公司高薪聘请为技术指导、拥有股份。同时，能真正参与到讨论中的专家基本是公共机构遴选的科技工作者，在很大程度上代表的是有权力的科技咨询智囊，他们提供的意见很可能迎合公共部门的倾向而丧失客观中立性。在这些经济、政治因素的影响下，一方面，科学的真伪受到了冲击，专家们的自律性大大削弱，其专家身份逐渐虚化；另一方面，这些专家在转基因作物的评定上较为强势的掌握了话语权，这会导致转基因作物安全评定的封闭性。

科技专家在相关参与主体中本是最了解科学技术知识的一方，公众也会通过依赖其来获得可靠的知识进而做出判断，所以，科技专家的身份本被看作具有某种"公正性"。[1]然而，在实践中，他们却存在为政治、经济这些相关团体代言的可能，而这种基于利益所做出的"科学论断"不仅失去了科学理性的意义，甚至还可能带来坏结果。例如，有专家称转基因作物产业化并不会引起周边植物的抗性。然而，《自然》杂志的刊文指出，美国种植的转基因作物造成了其他杂草的耐受，以至于长出了超级杂草[2]。这样一正一反的结论，不仅仅只是反映了认知的问题，更大程度上反映的是科学遭遇"利益诱惑"而导致偏颇的问题。

由此，针对这种角色冲突，对于专家遴选的过程和标准应该进一步公开化，甚至应对科技专家的相关信息进行信用记录以对其起到监督作用。英美等国对专家参与公共决策已有相关的明文规定，例如，将专家们的名单、资

---

① 陈光、温珂:《专家在科技咨询中的角色演变》,《科学学研究》2008 年第 2 期。

② 张田勘:《转基因之争要跳出低层次口水仗》,中国社会科学网, http://www.cssn.cn/zm/zm_jfylz/201406/t20140619_1218193.shtml.

格等信息完全对外公布。此外，转基因作物技术与人类的生命安全息息相关，而科技专家相对其他主体而言对该技术的认知更为深入。作为社会的智库，科技专家还应将无害的底线伦理精神作为其自身的道德约束以尽可能消解这种角色冲突并形成良性咨询。

政治官僚的角色冲突是指其一方面作为从事公共决策为业的公务人员而拥有一定的公权，另一方面是指其自身作为一个普通的自然人亦具有追逐利益的私利性。而当其面临公共利益与其私人利益的抉择时，其角色冲突也就因此而产生了。这种困境的根源来自于人性的不确定性，即人具有经济人特性，亦具有恶性。麦迪逊将其描述得更为直接：如果人都是天使，那就不需要政府了。如果天使统治人，就不需要对政府有任何外来的或内在的控制了[①]。这更为明确地表达了人作为理性的动物会使自己的利益尽可能的合理化，而更少考虑别人的利益，这是公务人员用公权谋取私利的缘由。

在转基因作物产业化语境下，政治官僚的角色的困境表现为：一是作为公务人员而言，将转基因作物产业化以实现科技主权、粮食安全、农贸发展等技术红利是实现公共利益的表现；倾听并满足公众的诉求也是其履行公共职责的体现。二是作为普通自然人而言，面对利益集团的强势游说，其很难做到自律以避免利益寻租。

对于第一层面的困境，客观来说，任何一种决策方案都无法满足所有人的需求和愿望，总是有部分人的利益会受损，这是客观存在的道德悖论。然而，应该损害哪一部分人的利益？又有谁可以判断这种决定的正确性和合理性呢？这些问题足以说明公共决策伦理确实存在模糊性，更重要的是，其缺乏明确的伦理衡量标准。因此，对于这种困境需要有相关的符合当下公共决策情境的伦理标准并将其落实到相关制度上对其约束和监督，这才是解决这一角色冲突困境的路径。其中"伦理妥协"这一标准对于该困境提供了可解决的思维方式和伦理追求。伦理妥协源于伦理学概念，国内学者王伟、鄢爱

---

① 参见〔美〕汉密尔顿、杰伊、麦迪逊著，程逢如译：《联邦党人文集》，商务印书馆1980年版，第38页。

红将这一概念应用到行政决策领域。"伦理妥协"是指公共决策领域难以实现最优选择，面临抉择困难时，应努力趋向至善而牺牲某部分行政职能或目标，将"恶果"最小化的理性公共决策[①]。由此，对于转基因作物产业化公共决策，虽然其可能带来一些技术红利，但这些也仅是预期的红利。在前面章节的内容中，我们阐述过这些技术红利可能落空甚至可能会带来负面效应。由此，对于这项技术可能带来的危害，我们应当积极预防，而不是说当下未发现异常就是无害因此就可以大力推行，而是要采取相关应对措施来控制潜在的"恶果"。

对于第二层面的困境，相对而言稍好解决一些。因为当"经济人"的特性占主导地位时，其自然人的身份其实也是普通公众的一分子。虽然暂时可以选择满足自己的私利，但从长远来看，万一转基因作物潜在的风险爆发，其自身也躲不过这种不确定性风险。因此，"责任人"或许是解决这种困境的出路。对普通公众负责，也是对自己负责。这才是公共决策，这才符合人类政治文明的发展和走向。在具体实践操作层面，可进一步落实公务人员的道德法规，建立国家公务人员伦理审查委员会等一系列机制。

总之，面对知识精英、政治官僚在转基因作物产业化公共决策中的角色冲突，底线、责任、伦理妥协这些伦理精神的约束的重要性毋庸置疑。同时，围绕这些伦理精神所形成的法规机制亦为参与主体的"经济人"特性构筑了一个规范和约束的道德平台，以促使他们秉公决策、科学决策、合理决策。

（三）"科技公民"身份虚化困境

公众既是受转基因作物产业化公共决策影响最大的群体，又是实际参与中被边缘化的群体。尽管公众对参与科技应用的公共决策这一问题探讨已久，但公众参与的有效性却并不理想。

正是意识到这个问题，美国学者约翰·巴里将政治学的公民权概念运用到环境、绿色科技领域的公共决策，提出了科技公民身份的观点。其认为，

---

① 王伟、鄯爱红:《行政伦理学》，人民出版社 2005 年版，第 25 页。

公众参与不仅关涉接受度的问题，更是程序民主的体现。由此，公众期望参与科技应用的公共决策不仅落实到法律规定层面，更是期望落实到具体实践的权利层面上。所谓科技公民（Science Technology Citizen）是指公民享有一系列与科技相关的权利——获得相关科技知识与信息，充分被告知进而接受、同意的权利以及避免遭受科技负面效应侵害的权利[1]。而学者 Goven 认为，科技公民在享有上述权利的同时，还应有相应的义务和规范，以实现理性参与。这些义务包括：了解科学知识的义务，积极参与科学讨论的义务以及支持集体利益的义务。[2] 如果说学者巴里的观点更多强调的是公众应积极参与的话，那么，学者 Goven 则是主张对公众参与理性层面加以规范。

不论是权利角度的意涵还是义务规范角度的定义，所有这些都指向科技应用的公共决策领域需要公民的积极参与。而公民参与通常又称为公共参与或公众参与，指公民试图影响公共政策和公共生活的一切活动。[3] 在行动层面表现为将其自身的利益诉求以参与权利为渠道进行表述，对利益分配进行博弈、影响以达到符合其满意的目标[4]。

转基因作物产业化公共决策语境下的科技公民身份虚化是指公民未能真正参与这项科技应用领域的公共决策，存在系列困境，徒有科技公民一说，而未能落实这一身份所享有的权利的困境。而这些困境又具体体现在参与渠道不畅的困境、参与方式不当的困境以及参与内容不明的困境上。

参与渠道不畅的困境是指公众参与、表达的渠道还未形成完善的一套规范。当下各国对公众参与转基因作物产业化公共决策较为普遍的做法或者说提供的渠道主要有听证会、座谈会、官方性的网站、学术性的媒体公众号等方式。看似参与表达的渠道很多，然而这些渠道的共同特点是单向发布信息。

---

① 〔英〕约翰·巴里著，张淑兰译：《抗拒的效力：从环境公民权到可持续公民权》，《文史哲》2007 年第 1 期。

② Goven J.Scientific Citizenship and Royal Commission on Genetic Modification[J].*Science Technology&Human Values*,2006,31(5):565-598.

③ 俞可平：《公民参与的几个理论问题》，《学习时报》2006 年 12 月 18 日。

④ 许玉镇：《公众参与政府治理的法治保障》，社会科学文献出版社 2015 年版，第 39 页。

例如，公众在听证会、座谈会可能只是"听""座"而不是"证"和"谈"。官网、公众号则一般是刊文，公众只能被动接受这些信息。而公众的心声、质疑并不能依托这些渠道进行自主表达。转基因作物产业化公共决策的参与渠道是基础，必须要保证畅通，否则公众参与就无法谈起，也就更无法落实转基因作物产业化公共决策的民主性。

参与方式不当的困境是指公众参与的方式多以浅层次的支持和反对的口水战呈现，而没有真正讨论转基因作物的科学原理、风险性、利益分配及具体如何审批等实例性的相关议题。公众参与应是了解科学、问题咨询、情境与方案研讨的过程，但是由于上述参与渠道不畅等原因，公众并没有获得相关信息，还因为信息不畅造成了其不信任、不理解的负面情绪，这亦是导致公众以非理性的方式发表其观点的原因所在，也是公众不能有效提出见解的原因所在。

而参与内容不明的困境是指公众参与决策所表达的内容不够明晰。内容表达实际上是公众—科技专家—利益集团—公共权力的互动商讨的相关观点信息。然而，在上述参与渠道、参与方式不当的情况下，公众一般只能通过网络的发帖、回帖、跟帖表达自身参与意愿，然而聚焦于发帖所表达的内容则十分不清晰。例如，是质疑该公共决策过快不合程序抑或是产业化的技术红利只是被相关利益体获得而没有照顾到公众的利益？这些内容都不明确。究其原因，并不能单单将其归因于公众的科学素养、决断素养这类参政能力的问题。我们应从更深层次的层面去观察，基于上述困境的存在，公众已经累积了很多情绪，根本就不愿意再去解读、讨论这些细节问题：他们对所谓的权威和所谓的专家已经失去了信任，产生了抵制情绪。这会导致公众一有质疑就对问题不加细分进而产生否定拒绝的态度，导致"真理"渐行渐远。

由此，这些困境使得公众无法真正参与转基因作物产业化公共决策的讨论之中，其所谓的科技公众的身份基本上是虚化的。因此，公众在舆论上、态度上所表现出的是质疑和不接受的状态。而反过来说，转基因作物公共决策的核心信息则是改进"垄断"状态，这是公众参与、知情、商讨及信息公开共享的矛盾体现。托马斯指出，强有力的公众参与模式应该促进和造就强有力的公民资格，公民有更多、更好的参与表达的权利，能够保证公共决策可镶嵌于社会之中，而不是强加给社会和公民①。佩特曼也指出，真正的民主应是所有公民充分参与的公共事务决策的民主，从政策议程的设定到讨论都应有公民的参与②。因此，科技公民的权利落实应在参与制度上有一套规范的支撑以促进公民能够有效沟通、商讨，尽可能解决上述困境问题。在此基础上，还应重视对公民科学理性的培育，这样才能有效识别所公布的公共决策相关信息的真实性，并理性使用这些信息。针对公众的质疑，公共部门还应进行积极回应，这样才能一方面保证科技公民身份的落实，另一方面促进对有疑惑、有分歧的问题进一步探讨、解决，以实现转基因作物产业化公共决策的满意共识。

针对公众参与转基因作物产业化公共决策存在的困境，我们应在相关制度规范层面予以保障。首先，公众参与科技领域的公共决策，其实质是赋予公众与科学家及其他参与主体具有同等的商讨、决断权。针对公众又应如何参与这一问题，其制度的建设逻辑可从参与的公众类别、人数以及参与的渠道、方式、内容来落实。其次，对于公众参与科技应用公共决策时是否真的具备充分的科学素养并能够提出有效方案这一问题，更多的关注点不应放在回答上，而是更应放在实现公众科学理性的转向上。我们不仅需要公众能认知科学内容，更要在这个框架下让公众形成对相关知识信息判断、筛选的能力③。因此，一方面要为公众提供真实的科学知识，另一方面还应明确公众认知科学知识的价值、道德及义务以形成理性参与。再次，公众除了进策商讨，更希望达到共识的目标，这需要公共部门对公众的质疑实现回应性话语结构的转向。学者斯塔林指出，公共管理机构责任的基本理念之一就是回应。回应意味着公共机构对公众接纳政策和公众提出诉求要做出及时地反应，并采取积极措施来解决问题④。而转基因作物产业化语境下的回应性话语更在于公

---

① 参见〔美〕约翰·克莱顿·托马斯著，孙柏瑛等译：《公共决策中的公民参与》，中国人民大学出版社 2005 年版，第 29 页。

② 参见〔美〕卡罗尔·佩特曼著，陈尧译：《参与和民主理论》，上海人民出版社 2006 年版，第 36 页。

③ 参见贾鹤鹏：《谁是公众？如何参与？》，《自然辩证法研究》2014 年第 11 期。

④ 〔美〕格罗弗·斯塔林著，陈宪等译：《公共部门管理》，上海译文出版社 2003 年版，第 54 页。

众参与所提出的疑虑、方案、诉求进行解答和反馈，并形成互动的回应的对话。而更为重要的是，只有在回应公众的质疑、提问的过程中，新的想法和观点才有可能萌发出来。

三、信息公开性层面公共决策伦理困境

上文我们对公共决策关涉的主要内容之一——参与主体层面的相关问题进行分析。接下来我们将对公共决策关涉的另一主要内容——信息公开进行探析。信息公开是转基因作物产业化公共决策的重要一环，不仅关涉公共决策的合法性，亦是公众了解相关信息以及决定其是否在意愿上能够接受的关键。对于信息公开问题，我们可从内外两个层面来分析：从公共机构内部来看，其对于转基因作物产业化公共决策的信息公开主要涉及公开的内容、公开的时效性、公开的真实性问题。而从外部来看，信息公开则关涉媒体对转基因作物产业化信息内容报道的客观性、明晰性问题。下面我们将对其一一进行分析。

（一）公共决策核心信息的遮蔽性

转基因作物产业化公共决策信息的公布，有助于各群体对公共决策运行的了解和探讨，这是对公共决策达成共识的基础。而公共决策相关信息是指公共部门进行公共决策所掌握、拥有的信息，包括公共部门自身所掌握的信息、履职中所搜集的信息。[1] 而信息公开是指依照相关法定程序向公众公开公共决策的相关信息，公众具有查询、阅览、复制、摘录、收听、观看、下载等权利来了解公共决策相关情况[2]。

---

[1] 胡仙芝:《政务公开与政治发展研究》，中国经济出版社 2005 年版，第 31 页。

[2] 刘杰:《知情权与信息公开法》，清华大学出版社 2005 年版，第 75 页。

此外，我们有必要对公共决策相关核心信息进行明确。所谓核心信息，应当是与公众利害影响关系最大的相关信息。按照此逻辑和标准，公众最为关心的是转基因作物技术的安全性及其应用上市的相关信息。因此，涉及转基因作物技术原理、产业化应用的品种及应用目的、审批流程等这些相关信息均是核心信息。甚至可以这样理解：除了技术涉密的信息，其他相关信息都应当公开。这将有助于公众对转基因作物技术的认知，更有助于公众表达其利益诉求进而与决策者达成共识。

然而，目前有关转基因作物产业化公共决策的信息是官僚精英、专家学者、利益团体从其关注的政治、科技、经济等领域单向"给定"的。这些所谓"公布"的信息，对公众而言，并不是他们期望的核心信息。同时，决策主体会自带"封闭性"，认为公共决策相关过程及信息是决策者内部的事情。这一方面源于其具有天然的采集、占有信息的优势；另一方面则是决策主体存在自身定夺决策倾向性。然而，这非常容易导致公开或反馈给公众的信息是不完整的结果，甚至在一定程度上还存在核心信息的遮蔽性。这些无实质内容的非核心信息的公布，不仅不能回应公众对转基因作物产业化提出的问题，甚至还可以导致公众将复杂的事情进行叠加，从而进行怀疑式推导，易导致恶性循环式争论。缺乏公共性，更在一定程度上突显出了公共决策合法性的缺失。

核心信息遮蔽的原因主要在于两个方面：一是转基因作物产业化可能存在说不明道不清的利益"黑箱"。例如，转基因作物技术及安全性检测在实验方法上并不完善。但基于研发人员、生物技术公司等利益团体的游说，公共决策部门借以抓住生物技术先机为陈词推进决策。二是转基因作物产业化信息公开缺乏相关计划和标准，导致核心信息公开效能较低，甚至被遮蔽。例如，目前各国主管转基因作物技术的部门都有相应官方网站来公布相关信息，但仅是公布转基因作物已经通过审批的清单信息而已，而且在线即时性的查询服务较差。公众如果需要查询转基因作物相关信息，还需要通过一系列个人信息注册、审核等步骤。公众在注册操作层面可能就存在不方便甚至不会操作的情况，而且等待答复时间过长，甚至最后无回应、不了了之的情况都客观存在着。

于第一层面的问题中存在着一个悖论，即相关信息越是公开透明就越能避免利益的暗箱操作。对于这种情况，不仅要在软性的道德理念层面进行教育约束，更应当要建立起相关硬性的监督机制。例如，设置专门监督公共决策相关信息公开执行情况的部门，对于信息公开失职的情况则应设立相应的处罚机制等。对于第二个层面的问题，可在具体操作上进一步完善或落实信息公开的相关标准、制度及机制。首先，应明确公开为原则，不公开是例外的理念。其次，在信息公开的细则上则应明确公开的内容和公开的义务，这样才能在实践层面尽量避免只是在网站上贴出政策性的宣示这样"走形式"的公开内容。再次，还应根据公共决策事项的性质和利益相关群体的特征来选择合适的、科学合理的信息公开方式。例如，转基因作物产业化公共决策的信息可通过民间的公众号或者学术自媒体的公众号联合进行发布、讨论，这会比官网单一公布审批信息的效果更好。

核心信息的公开不仅是民主、科学这些公共决策价值的追求，更是在实践层面跳出转基因作物产业化僵局的一个路径。唯有清楚、全面并且有内容的信息发布才能让公众真正参与，也只有各方在对核心信息交流对称的情况下才有可能形成认同感进而达成共识。

（二）公共决策信息公布的滞后性

所谓公共决策相关信息公布滞后性是指公共决策相关的决定、进程等消息没有及时公之于众，这体现的是时效性的问题，我们应当正视信息在一定的时间范围内才能发挥作用、产生价值这一事实。然而，随着时间的推移，信息的价值和效用就有可能降低甚至消失，[①] 这可能会导致公共决策的阻塞，甚至在一定程度上还关涉公共决策合法性的问题。因为相关信息公布的时效性也是公共决策程序的一个重要环节，而且决策信息滞后会对公众形成信息

---

① 张国庆:《行政管理学概论》，北京大学出版社 2000 年版，第 35 页。

屏障，致使公众无法及时、顺利、有效进行利益表达和沟通。

当前，公众了解转基因作物公共决策相关信息一般是通过互联网、手机社交软件、手机阅读软件、电视、报纸等这些主要途径来实现的。近年来，公众对转基因作物及其食品安全等这些与自身利益密切联系的主题产生了极大的兴趣。因此，其对转基因作物产业化的动向关注密切。然而，公众对公共决策相关信息的即时公开和及时更新的期盼却经常落空。例如，我国农业部主办的官方网站——转基因权威关注里的信息公布这一栏目里提及中国转基因作物累计的种植面积在 2011 年达到 3800 万公顷以上。然而，时至今日，再看2011年的数据是没有意义的。这反映出了信息公布确实存在滞后性问题。还有一种情况更为值得深思：官僚机构、科学家、媒体以及许多相关的利益团体为了平息公众的质疑，让公众接受转基因作物及其产品，甚至默默推动转基因作物产业化却并不公布相关信息。[①] 这是典型的"先行动、后公布"造成的信息滞后。这样的滞后性，其实是变相对公众灌输或强迫其接受转基因作物产业化发展。

转基因作物产业化公共决策相关信息公布滞后的缘由主要在于：

一是出于维护逐利的动机。转基因作物产业化关涉的利益多元却还未达成共识。因此，为达成逐利推广目的，把握住话语权，对于相关信息的公布自然存在人为的控制性。而对于相关信息的公布形式，客观来说，至今基本还是由上而下传递。由此，对于哪个品种的转基因作物通过何种检测达到何种程度的安全性、进行何种用途的应用以及达到何种期望目的等这些信息的垄断性掌握，也就意味着把握住了公共决策意图的解释权，这可在行动上尽可能推广转基因作物技术产业化发展以满足利益主体的逐利欲望。

二是存在公共决策相关信息认知差异问题。对于转基因作物技术复杂原理的认知存在理解上的差异，这在前文内中提及过：提供决策咨询的专家认为，转基因作物技术是杂交技术的一种，有科学依据。而公众则认为该技

---

① 展进涛、石成玉、陈超：《转基因生物安全的公众隐忧与风险交流的机制创新》，《社会科学》2013年第 7 期。

术存在非自然性，质疑技术操作的精准性和安全性，而相关决策部门亦可能基于对推广转基因作物技术以把握先机、革新农业发展、保证粮食安全等层面的偏好而先推广后公布，尽可能避免阻碍的声音而故意导致相关决策信息时滞。

三是为了平息客观环境中信息洪流的动荡。转基因作物技术由于可进行人为的基因重组，使得各物种间的基因遗传界限模糊，人们对于这种生物技术产生了忧虑，甚至是恐惧。这就使得转基因作物产业化这一话题变得异常敏感。人们主观感知的风险以及舆论倾向形成了一股信息洪流：有些舆论是合理的利益诉求，但客观而言，也有部分是非理性的，甚至是造谣式的言论。例如，出现了一些将这项技术称为灭亡技术、基因入侵技术等非理性言论。为了不激化这股动荡的信息，相关部门可能会采取不公布涉事信息或低效率处理这些信息的措施。

然而，不管出于何种考虑，都应认真对待民意，将转基因作物产业化公共决策相关信息及时公布，以接受公众的讨论和意见诉求。信息的时效性是影响公共决策合法性、科学性、民主性的一个关键变量，亦是影响公众对公共部门信任的因素，因此，我们必须重视并推进转基因作物产业化公共决策相关信息的公开性和及时性。

（三）公共决策信息的真实质疑性

公众对转基因作物产业化公共决策相关信息的真实性表示怀疑，其实是对专家学者、相关公共部门表达出来的一种不信任。对不信任的探析，可从其另一面——信任进行分析。信任是一个相当复杂的多维的社会心理现象，是基于期望及预估会带来何种结果的心理预判[1]，其构成维度包括专业技能、动机、可依靠性、义务感与责任感等。这些维度大致可以从能力、目的、情

---

① 杨中芳、彭泗清：《中国人际信任的概念化》，《社会学研究》1999年第2期。

感、规范等角度去考量，尤其是义务与责任这一维度具有法律惩戒的意味[①]。信任源于相信，而相信又源于真实。古汉语字典的解释中，信，指言语真实，诚实不欺[②]。由此看出，真实、诚信、信任这三者是贯通的。然而，在转基因作物产业化公共决策语境下，真实、诚信及信任这些非常美好的品质却因夹杂了多方面的私利性因素而丧失了真实性，这也是公众质疑不断的原因所在。

公众对转基因作物技术层面的不信任主要表现为对该技术安全的质疑。张启发院士是我国转基因作物产业化的支持者，对于公众的担忧，曾做过对小鼠进行转基因作物灌胃系列实验的他坚称转基因作物技术是安全的。然而，公众甚至其他学者仍对此表示质疑，要求其公开实验细节和数据。科学家康秀峰更是对张启发的实验方法进行了详细分析，指出其实验方法及数据存在很多欠缺之处并强烈怀疑其结论的真实可靠性。对于这种存在疑问的实验信息，无论它得出的结果有多好，只要它不真实，就必须加以拒绝。

小鼠灌胃实验的事件已经引起了公众强烈的不信任感。而在2016年9月19日，中国农科院的魏景亮在网上实名举报，其所在的研究所——带有头衔的"国家转基因检测中心"涉嫌报告造假行为。魏景亮本意是反对科学作假而进行举报的。至于对于转基因的开发研究和应用态度，其本人的原话是：以我的认识水平，我不会盲目说转基因有毒有害，但此事存疑，欢迎科学讨论。确实，转基因作物技术是否安全与转基因作物检测信息造假是两码事。然而，我们必须正视的是——转基因检测中心的实验记录档案造假、研究人员资质造假等这些行为存在严重失真失信的问题，公众的担忧和不信任并非无因可究。

由此，转基因作物产业化公共决策并不只是技术应用推广和物质利益获取的过程，还蕴含了相关主体的内在道德精神和人文情怀，甚至是该公共决策贯彻了何种伦理价值的问题，尤其是相关信息的真实性问题，其在伦理本质上更直指责任精神。为此，公共决策机构应进一步努力落实这种忠诚的责

① Lubman N.1979,Trust and Power[M], Chichester:John Wiley & Sons Ltd:76.

② 王同亿:《语言大典》，海南出版社1992年版，第38页。

任伦理，以让公众重拾信任。同时，这种责任的精神按转基因作物产业化实施的逻辑大致可分为忧患责任、风险责任、结果责任三种。忧患责任是指面对转基因作物技术这种复杂而又直接关乎人类安全的应用决策，应在源头上有预警意识，对其原理、操作及检测层面都应真实可靠，这是实现技术安全的起点，也是实现公告决策伦理的起点。风险责任是指公共机构要有积极主动的责任意识，将可能发生的风险降到最低限度。对可能存在的风险保持预判逻辑，这恰恰与全面、真实的信息密切相关，因为唯有真实的信息才可能让这种前瞻性的预判较为精准。结果责任是指对于转基因作物产业化来说，如果发生了不期望的结果，要能承担相应责任，而且要对这种不期望的结果进行分析，查明其中是否存在人为因素。例如，像上文所述的转基因作物技术检测的不充分不真实等情况，这同样要求相关机构应做出深刻剖析、公布事实真相，而不是将责任转移或责任流失。总之，转基因作物产业化的相关信息必须真实，这是保证公益和公意的前提，更是转基因作物技术安全、规范发展的重要一环。

（四）公共决策信息报道的模糊性

随着媒体时代的到来，著名传播学家麦克卢汉提出了媒介即讯息的理论。其含义主要包括：人类只有在拥有了某种媒介之后才有可能从事与之相适应的信息传播和其他社会活动。[①]媒介最重要的作用不仅仅在于传播，而是在于影响了我们对所传播信息内容的理解和思考。尤其是科技领域的公告决策信息传播，其更需与媒体融合，以达到切实扩散科技知识及公共决策的相关信息的目的，不同个体间都能平等共享。

转基因作物产业化公共决策中的很大一部分内容都关涉科技知识原理以及应用效用的分配情况。而对转基因作物产业化公共决策的具体细节情况，公众并不容易接近和了解。因此，公众希望有可沟通和传递转基因作物信息

---

① 〔加〕麦克卢汉著，何道宽译：《理解媒介》，译林出版社 2011 年版，第 32 页。

的媒介环境。

然而，当下转基因作物信息传播的整体特征呈现为模糊化，具体表现为信息发布主体广泛且观点不一致、信息内容导向或激进或消极且缺乏科学依据等特点。持续的外部信息传入还加剧了公众对转基因技术或存风险的疑虑，强化了公众对转基因作物产业化持观望或质疑的态度。

首先，对于不同的媒体，我们可以先做一个大致划分，这有助于分析报道模糊现象。媒体一般可分为官方媒体、企业媒体及自媒体，这恰恰是媒体广泛性的体现，亦是造成对转基因作物产业化报道内容不聚焦、态度不一的客观原因。官方媒体一般指政府及相关行政机构的传媒。企业媒体则主要体现为企业为发展需求而设立的宣导承载载体。而自媒体则是当下的新媒体。自媒体（We Media）又称公民媒体或个人媒体，是指私人化、平民化、普泛化、自主化的传播者，以现代化、电子化的手段，向不特定的大多数或者特定的单个人传递规范性及非规范性信息的新媒体的总称。自媒体平台包括了博客、微博、微信、论坛等网络社区。[①] 还应特别说明的是，本书所指的媒体已不再是传统的电视、报纸这类媒体，不管是官方媒体、企业媒体还是自媒体，均是指由当下互联网所支撑的网站、微博、微信等这类新媒体。这类媒体的特征表现为高效、实时互动，并可以使社会各群体基本都能自主、亲身参与科技应用公共决策的讨论。

在对媒体划分好类别的基础上，我们结合文献考察，将官方媒体、企业媒体及自媒体对转基因作物产业化的报道可能对公众产生的影响分别做以下 3 个方面的阐述，以找出报道模糊性的缘由。

一是官方媒体的报道。官方媒体的报道在很大程度上代表的是公共机构的声音。与其他媒体相比，官方媒体本应更具权威性。然而，正是这种官方"喉舌"的光环，使得官方媒体在对转基因作物产业化报道的内容上更多宣扬的是该技术所附带的政治色彩讯息。例如，应当有自主研发的转基因作

---

① 王超群：《转基因议题的公众网络风险沟通研究》，《贵州师范大学学报（社会科学版）》2015 年第
6 期。

物技术专利，否则会受制于其他技术领先又不断升级的国家等传播导向。同时，官方媒体在处理这些相关信息方面会存在不同程度的管制和"保密"，这是其报道模糊性的表现。最典型的例子就是中国农业部于 2009 年通过其内部官媒——农业部新闻发布会中心及其网站颁布了两种转基因水稻和一种转基因玉米的安全证书，但对抗虫水稻华恢 1 号、抗虫水稻 Bt 汕优 63、转植酸酶基因玉米 BVLA430101 这些转基因作物品种的实验检测、审批流程都未进行过公布、商讨，只将"一纸安全证书示人"，甚至还出现过官媒虚假报道的案例。例如，在强调转基因作物产业化是大势所趋方面，有报道称《转基因农产品在欧洲艰难"破冰"》一文中称欧洲是世界上对转基因农产品管理最为严格的地区之一，对转基因作物及其产品一直高度谨慎。但事实上，欧洲在转基因农产品种植以及安全性认可问题上已出现了松动，目前已有称为 Amflora 型号的转基因作物获准在欧盟种植。然而，经过考证，事实上 Amflora 转基因作物类别早就被废除了，媒体是为了鼓吹转基因作物的安全及其收益，故意作出了连原本持拒绝态度的欧洲都开始跟进世界节奏，对转基因作物进行产业化的报道。这就会导致官方媒体给公众造成一种报道不清晰甚至是"漂白信息"的印象。加之官媒与政府关系密切，公众对官媒的报道往往并不信任，认为官媒可能受控于公共机构而丧失了追踪报道转基因作物的细节信息的能力和价值中立性。公众的信任则通常被认为是影响感知风险与收益的一个重要因素，且负向影响感知风险、正向影响感知收益。在转基因作物产业化语境下的社会信任又更为具体地指向了人们对科技应用领域的公共决策和相关风险报道的内容、态度、倾向的依赖性意愿，以决定是否相信媒体所报道的内容。而官方媒体在一定程度上与公共机构具有同体性，其所报道的内容并没有代表公众的心声，而且对转基因作物产业化安全性和社会伦理性方面的探讨较少，其报道基本都以宏观的视角，从科技主权、粮食安全以及农贸发展先机等角度进行宣导传播。因此，公众对官方媒体对转基因相关报道持保留或怀疑的态度。

二是企业媒体的报道。企业媒体因为寄生于企业内部，需要为企业带来经济效益。因此，企业媒体对转基因作物产业化的报道往往会受企业发展战略所左右。此外，在不规范的市场运作模式下，一些传统媒体的媒介寻租、有偿新闻等行为时有发生。以孟山都公司官网为例，其专门开拓了"新闻中心"专栏，其中一个栏目叫做观点分享。这个观点分享的大部分内容就与其研发的转基因种子相关：例如，转基因作物种子给农户带来更高的产量、更少的农业使用、更多的闲暇以及更好的收入等宣导。然而，这个分享仅仅只是宣传转基因种子的好处以及其品种种类，并没有探讨或回应转基因作物技术原理、检测、审批上市等问题，甚至也没有对转基因作物研发、团队成员等这些基础信息进行相关介绍和报道。同时，在其他相关生物公司的企业媒体的门户网站上，几乎没有申请查询的服务栏目，至多存在一个"联系我们"的服务框。然而，这个"联系我们"的服务框并不提供邮箱、电话、地址、传真等联系方式，甚至有些网站的信息还需访问客户进行信息注册才能获取。这很明显存在着企业媒体传递消息层面"报喜不报忧"的模糊性。

三是自媒体的报道。自媒体往往来自于社会各成员，甚至是公众自身，人们对其有天然的好感和信任感。因此，且不论其所传播的内容真实与否，客观影响上，通过自媒体报道的内容往往更受到大众的关注，甚至在一定程度上呈信服的状态[1]。公众通过网络搜索、转发报道以及发帖回帖的讨论，尤其加上当前流行的微博、微信等社交软件的盛行，这样形成的交互作用的舆论力量非常强大。自媒体的舆论影响力有时对公共决策的影响会起到关键性作用。同时，自媒体也是最为活跃、最为灵活的传播媒体，因为自媒体拥有即时的功能，可对转基因作物产业化议题的各种问题进行集中谈论，还可以体现在线评论等互动、联动的传播关系。但值得重视的是，自媒体所讨论的内容有时会呈现非理性的状态，以消极的"反转"的口水战居多。从自媒体报道的标题就能反映出这种境遇："转基因作物的亡国灭种之路""转基因作物食品，你敢吃吗"诸如此类。此外，自媒体的状态更多的仍是浏览、转发、分享，但真正能参与讨论以及影响决策的自媒体几乎没有，而且自媒体聚焦于转基因作物技术风险性的内容并不是基于科学证据层面。这是自媒体报道

---

[1] 张明杨、展进涛：《信息可信度对消费者转基因技术应用态度的影响》，《华南农业大学学报（社会科学版）》2016 年第 1 期。

消极性、模糊性的表现。由此，自媒体虽然在很大程度上体现着公众的参与度，但这种参与并未真正切入转基因作物产业化决策过程的核心。

从转基因作物产业化报道的媒体类型及其报道内容的特性可以看出，媒体对转基因作物产业化报道的内容主要集中在3个方面：一是官方媒体强调转基因作物产业化是未来农业发展领域的核心技术，我们应把握住机会。二是企业媒体强调转基因作物及其食品在当下系列实验检测中未发现危害性。对这种遗传育种技术的担忧，其实是公众缺乏相关科学知识造成的，应对其进行大力科普。美国作为最早进行转基因作物技术研发并产业化应用的大国，其民众对大豆、玉米等品种的转基因作物及食品已食用多年，没有发现所谓的"大事件"，甚至还在转基因种子专利、转基因大豆等农产品贸易层面获得正向收益。三是自媒体对于转基因作物产业化以对抗、非理性的形式进行报道，例如，认为转基因作物及食品可能致癌、国际生物技术公司与科技专家、公共机构可能存在勾结而形成利益负荷的"自我毁灭"的技术应用推广。

通过上述内容可知，不同的媒体基于其自身的需求而形成了属于自己的报道话语体系，甚至在一定程度上，这3种类别的媒体都有涵化式报道的倾向。所谓涵化式报道是基于媒体涵化理论（Cultivation Theory）提出的，是指媒体已越过其报道事实的陈述框架而开始形成领导舆论的框架。① 媒体报道立场会影响公众的判断，即便是错误的信息也会让公众误以为真实情况。

媒体并没有使用真正客观、科学的公共话语体系来对转基因作物产业化问题进行探讨和解决，这是造成模糊性报道的根本缘由。如果说官方媒体是政治话语或专家精英话语，那么企业媒体则是利润驱动式的话语，而自媒体更多表达的是民粹和草根的意见。尽管有非理性和情绪化的表达，但自媒体在一定程度上指向的是期望能保证安全，能尊重民意。因此，在众多媒介的影响下，对转基因作物产业化公共决策的舆论环境是十分复杂的。新媒体时代既存在多声音的民主表达，也还存在许多非理性非科学甚至是消极的声音。

---

① Baucer M W. Controversial Media and Agri-food Biotechnology: A Cultivation Analysis[J]. *Public Understanding of Science*,2002(2):61.

这就需要更为专业的权威的公开的声音。只有这样，公众才能获取真实客观的有关转基因作物产业化公共决策的信息，也只有这样，对转基因作物产业化的公共决策才能秉持公平正义的伦理精神之光①。

同时，公众要自己积极、正向确立其享有的科技公民的身份，理性去探讨存在的问题，明确清楚表达其自身的诉求。唯有如此，公众才能真正主动去靠近科学知识，而不是一味采取动机推断（Motivated Reasoning）对主流专家学者和公共机构表示质疑和不信任。②

此外，不论何种类别的媒体，作为公开发声的"喉舌"，尤其是关涉技术安全的真相，应该准确客观报道事实，而不是在内容、态度上使用模糊表达误导公众，进而用舆论左右公共决策③。同时，媒介信息对转基因议题进行非理性反复式的解读，带给公众的反而是焦虑和不信任。媒体应是科技知识的传播者，而不是科技知识的生产者。媒体还应遵循职业规范，不受金权等影响。其及时、科学的报道对信息的监督公开、稳定民心、推动问题有效解决有重要作用。而这一切的前提是媒体能秉持道德操守，对所报道的信息认知无误、准确清晰。由此，对于转基因作物的报道，媒体应明确：一是报道要有责任、要有宏观远见，要将转基因作物技术的新发展放到大背景中去讨论其前景、意义及伦理问题；同时，更要聚焦于微观现实，将种植和食品生产等问题联系起来讨论④。二是客观、中立地说明转基因作物产业化的目标和益处。三是尤其要对转基因作物产业化的安全问题给出准确的观点。四是要用科学、精确但又常用、好理解的语言来表述，以让公众能够明白无误地接收到这些讯息。唯有如此，媒体对于转基因作物产业化公共决策的相关报道才能避免模糊，才能做到具体、全面、真实。

---

① 谭功荣：《西方公共行政学思想与流派》，北京大学出版社 2008 年版，第 61 页。

② Druckman J N, Bolsen T. Framing, motivated reasoning, and opinions about emergent technologies[J]. *Journal of Communication*,2011,61(4):659-688.

③ Samuel P.Huntington.*Political Order in Changing Societies*[M].New Haven: Yale University Press,2006.

④ 毛新志、张利平：《公众参与转基因食品评价的条件模式与流程》，《中国科技论坛》2008 年第 5 期。

第三章

转基因作物产业化公共
决策伦理困境根源

基于上文中对转基因作物产业化公共决策困境问题的探讨，本部分则对造成困境的缘由进行分析。从上述分析可知，转基因作物产业化公共决策困境主要集中在技术安全性商讨主体和信息公开层面，这些困境大致可从认知不确定性风险、多重利益冲突博弈及复杂公共决策环境这三个方面来进行分析。

一、认知不确定性风险导致的公共决策伦理困境

转基因作物产业化公共决策的困境根源在于这项技术在安全性认知层面还存在诸多不确定性风险问题。而公众接受度、粮食农业科技主权等层面的问题都是建立在安全基础上才得以进一步讨论。因此，此处对不确定性风险认知困境的分析将集中在技术层面，这主要关涉的是科技专家这一主体。对此，应先明确讨论的内容和范畴。

（一）不确定性风险的内涵

不确定性风险是指对事物的认知无法把握其稳定的、核心的、绝对准确的科学理论而产生的风险 ①。不确定性风险具有多维的内涵，其本质表现为

---

① Funtowicz, Ravetz. *Uncertainty and Quality in Science for Policy*[M].Netherlands:Kluwer, 2009:99-102.

认知层面的失灵。尤其是科技应用层面的不确定性风险，不仅关涉科学知识的不可穷尽性，更关涉科技应用可能会因其过度的工具理性而使得价值理性缺失。

从科学知识不可穷尽的角度来说，不确定性风险是指所确立的思维认知无法全面把握科学知识多变复杂的本质，只能相对逼近科学真理，在经验、理解及能力上无法对科学知识进行证实而产生的风险[①]。

从工具理性与价值理性的角度来说，不确定性风险是指人在科技实践中，以效用性的工具理性思维为主导而忽视人、社会的意义导致价值理性的缺失，从而产生的人造风险[②]。

由上述这些不同角度对不确定性风险的内涵分析并结合本研究关涉转基因作物产业化这种复杂技术层面的公共决策问题，我们将不确定性风险定义为：对于转基因作物技术应用予以红利期望，但面对或存在的负面效应，又无法找到一一对应的因果关系，对于结果无法给出准确的描述和判定的认知从而产生的风险状态。转基因作物产业化语境下的不确定性风险同样存在科学知识不可穷尽、价值理性缺失这一层面的问题。对此我们可从其客观、主观这两大层面的外在表现形式来进行探讨。

客观层面上，转基因作物产业化公共决策的不确定性风险表现在：作为一项复杂的遗传生物科学技术，这种不确定性风险内蕴在技术本身之中。尤其是科学知识再应用到科技研发中，新知识的建构、科研人员的实验思维、科研方法都会叠加这种不确定性风险。例如，将人工控制的实验室场景里的基因重组植物搬到大自然场景中种植，任何一项影响因素都可能带来潜在风险。然而，如何对转基因作物本身、其相关产品成分及其环境因素进行安全检测和评估？目前还未有有效的技术路径应对这些相关问题。这就又造成了不确定性风险的产生和累加。

在主观层面，转基因作物产业化公共决策的不确定性风险则表现在人为性：期望转基因作物技术带来效用性而忽视其存在的不确定性风险。尤其是

---

① Milliken F J. Three Types of Perceived Uncertainty[J].*Management Review*,1987,12(1):133-143.

② Lawrence P R.Differentiation and Integration[J].*Administrative Science Quarterly*,1967,12(1):1-47.

转基因作物产业化链条中的相关利益体甚至会采取或隐瞒、忽略或漂白该技术不确定性风险的方式来获得应用的功利性。这不仅影响了伦理层面的诚信选择，更忽视了人的价值归属以及与自然共生的可持续性。这种人造风险所带来的冲击往往更加严重。

由此看出，客观层面的不确定性主要是指技术层面潜藏的科学知识未能被全面认知，更多指向的是实验研究方法等问题。主观层面的不确定性则指向的是对这项技术的理解、理性的态度、道德层面的抉择等问题。基于不确定性风险的含义，下面我们将按从客观层面——未能认知到的不确定性风险到主观层面——认识到一定的不确定性风险或忽略可能将面临的诚信选择的逻辑进行具体分析。

（二）未认知到的不确定性风险困境

对转基因作物技术层面所涉的不确定性问题确实还存在很多研究盲点，而从科学知识解释、科学实验层面以及学科联动层面都未能完全认知转基因作物技术或存在的风险，这亦造成了一系列困境。

在科学知识解释层面，当下有关作物育种及遗传基因领域的科学知识无法完全解释清楚转基因作物这种人为重组基因的技术在具体的实验环节到应用环境这些每一个"关键点"或可能存在变化而产生的风险发生概率、影响范围这些细节问题。波普尔认为，一切知识理论都是假说，并且始终是假说，它们是和概念框架相对立的猜测[①]，这是科学知识不具有确定性的体现。由此，也并不能提出针对可能存在的风险进行补救的相关方案，这亦是科学知识对于技术创新应用层面在某种程度上存在滞后性的表现。科学知识本是科技应用的基础，然而这一"基础本身"也只能通过试错而得到的相对稳定的结果。因此，可能难以全面、准确认知到转基因作物技术或存在的风险，从而造成相关"未知"困境。

---

① 参见〔英〕卡尔·波普尔著，傅季重等译:《猜想与反驳》，中国美术学院出版社 2003 年版，第133 页。

而在科学实验层面，尤其是对转基因作物技术安全层面的检测思维上，直到目前，基本还是运用现代科学的一个重要的理想化假设，即还原论的思想。其观点认为：复杂的客体可被还原为其组成部分，最终还可以再还原为简单的元素；而当整体被还原为各部分之后，各部分还能重新组成整体[①]。转基因作物是通过不同物种的基因提取、插入、组合这样的重复性操作而形成的，在一定程度上而言，确实存在组合和还原的实验假设和实验思维。但是，如果我们仅以还原论这样单一的科学思维对转基因作物技术进行实验检测，就会导致我们忽略掉其他相关因素甚至是关键要素。因为人为的实验条件有时会妨碍某些重要的自然效应的展现，也可能放大某些偶然和琐碎的效应。这是造成我们未能完全对转基因作物技术认知透彻的原因之一。

在学科联动层面，目前各学科对转基因作物技术还未形成有序的认知、解释体系，基本还是从单一的专业学科角度对转基因作物技术进行原理上、实验上的判断和检验。比如，转基因作物及食品对人体健康的认知归属临床医学毒理学学科领域的研究，而对于转基因作物种植过程的释放检测则是环境科学领域的研究。不同学科有不同的认知方法和标准，而目前我们对于转基因作物技术的认知还未形成一种联动的、协调的科学知识体系和方法。这需要不同学科领域的专家进行跨界合作，尤其是某些转基因作物技术层面存在交叉性的问题，更需多学科进行联合讨论。或许在这些思想的碰撞中，能把握住某些重要的有关转基因作物技术认知层面的关键规律。

以上是对未认知到转基因作物技术不确定性风险理论层面的解释。在实践层面，转基因作物是否真的对人体和环境无害这一问题，已经有大量立足于实验、数据研究的结果讨论。然而，直至目前并无真正有效的安全评价或者确切的实验方法来证实其安全性。例如，有实验指出，转基因的外源基因或残留于喂食的小鼠体内[②]。也有实验表明，转基因作物食品及其外源基因完

---

① 参见Fjelland R. Facing the Problem of Uncertainty[J].*Journal of Agricultural and Environmental of Ethics*,2002(15):155-169.

② 参见 Netherwood T, Martinoroe SM, O' Donnell AG, et al. Assessing the survival of transgenic plant DNA in the human gastrointestinal tract [J]. *Nature Biotechnology*, 2004(2):37.

全可代谢①。英国皇家科学院则于 2016 年 5 月颁布相关报告，宣布了转基因作物技术暂无不安全的证据②。然而，亦有研究指出：种植转基因作物，其根系残留物造成土壤肥力下降，有损环境安全③。这些矛盾的论据和结果都显示了转基因作物对人体及生态的潜在风险仍不明确。也就是说，目前的这些相关知识的解释、方法的检验并不能得到确定的证实结果，也不能得到明晰的证伪结论。这正是我们未能真正认知到转基因作物技术不确定性风险的体现。对于未认知到的不确定性，需要我们努力深化遗传育种生物学、毒理学、环境科学等学科的科学知识，并将这种知识与技术应用存在的"科学认知距离"尽量缩短，从实验检测、各界共同合作等层面落实转基因作物技术的安全性。

（三）认知到而忽略的不确定性风险困境

对转基因作物技术认知到其存在的不确定性风险问题而又认为该因素影响较小而进行忽略，这就存在认知断裂（Discontinuities）的问题。学者吉登斯认为，这种判断也具有不确定性，这对科学事实与价值规范二者而言，存在二分割裂式的负面结果④。这是典型的认知到而忽略的不确定性风险困境。

目前，有关转基因作物技术对原植物代谢影响的讨论就存在着这种情形，即认为这种代谢影响可忽略，不会存在重大风险。这种代谢影响源于转基因作物技术存在于一个携带外源基因的载体系统之中。其中，载体系统里的启动子具有驱动不同基因的表达功能，而这个启动子可能会导致外源基因在整株植物中的表达产生大量异源蛋白质并堆积在植物体内，打破植物原有的代谢平衡⑤。而代谢失衡是否会使得转基因作物堆积毒素，这存在不确定性影响。

① 《番茄大豆转基因》，网易新闻网，http：//news.163.com/16/0414/03/BKJ6OH2500014AED.html.
② 参见《转基因作物宣布无害，你还敢吃吗？》，搜狐网，http：//mt.sohu.com/20160522/n450826142.shtml.
③ 参见张田勘：《转基因之争要跳出低层次口水仗》，中国社会科学网，http：//www.cssn.cn/zm/zm_jfylz/201406/t20140619_1218193.shtml.
④ 参见〔英〕安东尼·吉登斯著，田禾译：《现代性的后果》，译林出版社 2000 年版，第 32 页。
⑤ 参见李杰、张福成、王文泉等：《高等植物启动子研究》，《生物技术通讯》2006 年第 4 期。

但科学家们认为，对于这个不确定性的效应，可以理解为是可控的微小影响，进而可以通过寻找更好更有效的植物组织、器官特异性启动子进行升级替代，来解决此问题[①]。

然而，整株植物中代谢平衡问题真的在食用安全及环境种植安全层面影响不大吗？通过对启动子进行升级替代就可以解决该问题吗？新的启动子会不会又带来新的问题呢。这些疑问暂时都还无法得到确切回答。对于这种对潜在不确定性忽略而造成灾难性的后果，人类科技应用历史上曾有过教训：农药 DDT 的应用就是一个典型例证。DDT 农药在推出应用之初，专家们都认为这种药物对农作物虫害减少有积极效用，同时对环境没有其他方面的影响。发明者米勒还获得了 1948 年的诺贝尔生理学奖。然而，科学家在几十年后发现 DDT 给人类带来的是"寂静的春天"，整个生态系统都受到影响。这凸显了人类认知不确定性风险能力的有限性，这种有限性主要是识别层面的有限性，比如，对风险产生的条件、来源等相关信息感知不到，或者感知到了又无法描述并认为这样的风险级别较低而无需关注解决。同时，这种有限性还表现在延展追踪层面，这与感知密切相关。如果刚开始的风险信号不明显，但人们对"此条件""此范围"下的问题能够延展看待、能继续追踪，便可能从关联关系中逐步把握直接对应的因果分析。

总的来说，这种困境源于对不确定性风险的理解和判断出现的错误，而这种错误理解又源于我们的主观意识：不论是观察、经验还是知识构架，都无法建构起对转基因作物技术存在的不确定性风险的这部分图景，这当然就无从谈起如何正确判断、如何解决以及如何形成备选方案。一方面，这部分不确定性的表征好像能用我们目前所掌握的知识、方法进行判断；另一方面，我们目前的认知、经验又无法对这部分不确定性风险在未来的演化进行精准的预言。由此，对于这种未来指向的不确定性风险问题，应以积极、防备、负责任的态度去应对，而不是简单地对其予以忽略。

---

① 参见宋扬、周军会、张永强：《植物组织特异性研究》，《生物技术通报》2007 年第 5 期。

（四）认知到不确定性风险并面临诚信选择的困境

转基因作物技术一旦进入商业化、产业化的应用阶段，就不再仅仅是技术领域的问题，而演变成了综合性的社会问题，并负载了社会各群体的相关利益。同时，值得我们注意的是，这种利益虽然有安全需求层面等公共的、共同的利益，但在这些多重利益的交织下，往往混杂了私人利益。而恰恰是这种私人欲望、私人利益的负荷造成了使已认知到的不确定性风险面临诚信选择困境的根源。这是人的道德选择不确定性造成的风险，更是科学道德精神的沦丧体现。当人的欲望僭越科学理性并超越其自身享有的权利而开始侵害他人的权利时，人为的不确定性风险就产生了。如果说前面的不确定风险更体现在科学知识、科技知识上的"无知"，那么，基于道德抉择下的不确定风险则表现为知识同欲望的对抗造成的负面效应。吉登斯指出，人将知识抽离再嵌入欲望，就会形成衍生（Re-embedding）的风险[①]。

在转基因作物产业化链条下的科技专家或许可能出于获得研发资助、个人名望等私欲而强烈推崇转基因作物技术应用发展，并宣称其可安全食用。尤其是在转基因作物技术原理的认知层面，他们可能会给出一些"混淆视听"的观点。例如，有些专家企图宣导转基因作物技术与传统的育种遗传生物学技术无异于降低公众的抵触情绪。转基因作物技术的自然科学基础是分子生物学，而传统作物育种技术的自然科学基础是孟德尔的遗传学，这存在一定的区别。正是人为的将基因插入、重组以突破自然的、传统的遗传屏障才造成了不确定性风险的存在，而专家们却由于私利的负载而陷入了诚信缺失、责任缺失的行为困境。

对于公众一直关注的安全检测，科学家在目前基本还是秉承着基于成分比对的思维，在具体方法上采用的是核酸检测法，即提取 DNA 分析其品系和成分，进而再与已知品系或传统作物进行比对。然而，随着转基因作物品系的增多，很可能在同一作物的不同品系或不同作物中都导入了相同的启动子、

---

① 参见〔英〕安东尼·吉登斯著，赵旭东译：《现代性与自我认同》，生活·读书·新知三联书店 1999 年版，第 22 页。

终止子、标记基因、目标性状基因或基因建构体，甚至是同一载体被转入了不同品种。目前的核酸检测方法无法完全确定和区分作物来源，一旦转基因产品进入市场，合法的转基因产品及非法的转基因产品就非常容易混淆，这也是导致转基因作物安全层面存在不确定性风险的重要影响因素。

但是科学家们则用其专业术语——筛选基因特异性方法来维护其"专业权威"（这种筛选方法的本质在于没有发现与现有品系的基因存在异质的情况就会被认为是安全的基因），并为获取公众的接受而选择了"沉默"。这些态度和做法都超出了专家们作为知识追求者的身份。这样的不诚信行为严重影响了公共决策的科学性和公正性。同时，转基因作物技术应用还关涉人类安全，是一项复杂又严肃的决策。如果连科学真实这个前提都不能保证，那么不确定性风险一旦爆发，人类生活将面临灾难性后果。

不论是能认知到的还是尚未认知到的，抑或是有意还是无意进行忽略的不确定性风险，所有这些行为都会带来负面效应。这不仅会对科研活动造成本质的损害、造成科研资源的浪费，更可能造成公共危害以及公众信任的丧失，这将引发整个社会层面的脆弱性。

二、多重利益博弈导致的公共决策伦理困境

转基因作物产业化负载了多重利益并形成了错综复杂的利益关联（Interest Association），甚至包括了利益冲突（Interest Conflict）的关系，这是多重利益博弈关系的体现，也恰恰是造成前文所述的困境内容的原因所在。而利益博弈是指在利益关系局面中，任何一方或任何一个个体的利益会受到局中另一方或另一个体的影响，从而形成竞争或合作的状态以力求保全自身的利益[①]。这亦是相关主体多重角色困境的原因，即具有利益负荷，不能

---

① Barrett, Susan. *Policy and Action*[M].London:Methuen,1981:48.

118

客观对待转基因作物产业化发展。利益关联指向的是利益体相容或依存的关系。例如，转基因作物产业化下生物技术公司和科技专家或存在着诸如资助研发——安全检测——推向市场获取利润层面的利益关联。又如，转基因作物产业化下，公众的安全需求、种植户购买转基因种子降低成本的需求与未完全明确安全性实验结果而急于实现技术利润的生物技术公司等利益体的需求就存在着利益冲突的情况。这些都是多重利益下存在的道德抉择问题，也是转基因作物产业化公共决策所面临的伦理困境。

这种公共决策伦理困境，其实质在于其逻辑和目标直指利益，或者说，仅仅是追逐利益而忽略了其他公共性目标导致的伦理困境。这种伦理困境在逻辑上很大程度指向的是相关主体如何在策略空间中进行选择以达到自身的目的。因此，有必要先分析一下以追逐利益为逻辑起点的策略表现形式，继而按照这一基本线索、方向来分析利益冲突导致的转基因作物产业化公共决策伦理困境缘由。在已有研究的基础上，本书将相关主体追求利益的策略形式分为利益依附式策略及利益制衡式策略这主要两种类型。通过对这两种策略的意涵、手段进行探讨后，我们发现，在多利益冲突下，存在个体逐利满足私欲的情形。由此，我们还应讨论多重利益干扰及个体私利获得而导致的转基因作物产业化公共决策伦理困境。

（一）利益依附式策略困境

对利益依附式策略进行分析有助于明晰利益—价值二者间的矛盾，进而剖析转基因作物产业化公共决策伦理因利益而产生的困境。所谓利益依附式的策略是指相关主体所逐逐的目标依附于转基因作物产业化所带来的利益而采取的策略行动。这种策略的困境实质是由于对利益采取的是工具理性的计算方式而忽视了存在的诉求分歧，甚至忽视了公共的意见与公共的利益。

需要说明的是，利益依附式策略框架下的相关主体，其地位，或者说其享有的资源是完全不平等的。尤其是相关主体中的公众，几乎没有任何的独立性和自治性。

利益依附式策略的手段主要体现在以下几个方面：一是相关公共机构宣扬转基因作物技术对国家创新系统以及实现社会经济目标的强大好处。二是相关研发专家以科学为口号，但实际上又通过不完整的安全实验得出转基因作物尚未发现副作用的结论。三是生物技术公司以转基因种子技术专利以及不断升级技术来逐渐覆盖农业种子市场，以致整个农业对其产生了高度依赖性。四是媒体强调转基因作物技术和产业是大势所趋，不紧跟就会错失良机；转基因作物和食品是安全的，公众担心是因为缺乏科学知识，需要科普。而处于弱势地位的公众，面对这些规范与非规范的宣导、面对这些权钱的影响，即便对转基因作物产业化有所质疑，也未能有力量去实现自身利益表达。

利益依附式策略的困境主要体现在以下几个方面：科技应用领域的公共决策，尤其是像转基因作物这样复杂的生物技术在价值探讨层面会出现很多问题，进而引起巨大争议。但是在紧紧围绕利益而形成的依附式逻辑的驱动下，转基因作物仍在继续推进，就像多轮驱动的动车一样：人们无法停下来争辩是非，而是边行驶、边争论。而要想这辆动车或停运、或变速、或转向，必须要完成技术层面较为完善的安全实验研究。转基因作物产业化带来的效用确实能预期共赢，同时，除了上述的相关主体外，最广大公众的利益能够得到自主表达并能得到回应。然而，要达到这些齐备的条件极其困难。所以，转基因作物产业化公共决策的动车就会按照目前的方向和方式一如既往地向前行进①。基于对上述逻辑、手段相关内容的阐述，我们发现，利益依附式策略存在的缺陷主要体现为"利益思维"与"价值思维"的矛盾，这恰恰是第三章提及的安全层面、参与主体层面、信息公开层面存在问题的缘由。也正因如此，转基因技术这样复杂的生物技术在价值探讨层面才会出现诸如生命安全、认知诚信、利益公正、程序民主等伦理价值问题并引起公众的巨大争议。而除公众之外的相关利益群体则仅是以逐利的思维而不断推进转基因作物产业化发展。

---

① 刘益东：《对不准原理与动车困境：人类已经丧失纠正重大错误的能力》，《未来与发展》2011年第12期。

利益依附式策略的焦点在于追逐转基因作物产业化带来的技术红利。但是我们还应反思利益依附式策略的逻辑点可能存在的"例外"情况，即转基因作物产业化的技术红利并不能实现。假设转基因作物评价为安全并最终得以实施产业化，我们也应正视还有很大一部分公众仍倾向于购买非转基因作物及食品，这会造成转基因作物及产品无市场的状况，进而导致技术红利落空。国际环保组织绿色和平公布过其市场调研报告《转基因大米市场前景黯淡》，调查显示，77% 的受访者明确选择非转基因大米。由此，绿色和平组织认为，在面对转基因食品与非转基因食品的选择时，中国、欧盟国家消费者的态度比较一致，即对于"非转基因食品"的偏好明显[①]。同时，正是基于消费者对非转基因食品的诉求，很多超市承诺拒绝出售转基因生鲜散装蔬菜、水果和谷类食品。这样的做法会迫使越来越多的食品生产商加入到销售非转基因食品的行列中。报告中显示，除了某知名小袋包装米行业巨头的拒绝，来自米相关产业的其他企业巨头均纷纷表态，承诺拒绝使用转基因米原料及由转基因米制成的添加剂和食品。

同时，还有一种情况也可能导致转基因作物产业化的技术红利落空——农贸层面的利益模糊化。推进转基因作物产业化的目标之一还在于实现农贸利益，尤其是国际贸易自由化背景下转基因作物技术流动速度很快，其所带来的经济利益呈指数增长态势。然而，转基因农产品本身的一些特性并不能在贸易规则中获得优惠和利益。例如，最惠国原则只在同类产品中适用。那么，转基因大豆与传统大豆是否属于同类产品？现在较为普遍的表述是：转基因大豆在成分上与传统大豆没有发现明显不同。因此，"同类产品"这一最惠国原则在贸易总协定条款里是具有模糊性的。

如果说贸易层面的困境是由于规则不明确而造成的，绿色和平组织的报告也还只是一项基于假设的研究，不足以对利益依附式策略的逻辑片面追求技术红利的思维进行批驳的话，那么俄罗斯颁布转基因作物禁令并实施发展

---

① 王晓涛:《中国经济导报：转基因大米国内外四处碰壁》，中国经济导报网，http://www.ceh.com.cn/shpd/2010/65751.shtml.

生态农业的实例则强有力地提醒了我们应当对此有所反思。

2016 年 7 月 4 日，俄罗斯总统普京签署法令，要求除科学研究外，禁止在俄境内种植转基因作物、生产转基因食品，并禁止俄罗斯进口转基因食品，违者将处以罚款。俄罗斯方面表示，转基因禁令将为俄奠定世界生态农业领袖的地位。这虽然是别国对转基因技术应用的选择和态度，但也值得我们在以追求利益为策略的逻辑上对此问题进行重新审视，进而调整思维以实现相关各群体利益的"共赢"(All Win)，而不是造成冲突的局面。

(二) 利益制衡式策略困境

对利益制衡式的策略分析将有助于我们从相关行政机构、专家、生物技术公司、媒体、公众这些参与主体的视角入手分析造成转基因作物产业化困境的缘由。而利益制衡式策略是指相关主体由于在追逐利益的过程中存在冲突而采取揭露、竞争、抗衡的策略逻辑。这种策略困境表现为各相关主体在追逐利益中所宣扬的事实和价值并不一致。这种逻辑只是一种抗衡状态，没有从根源上考虑公众的意愿和利益。所以，转基因作物产业化公共决策依旧未能形成满意共识的局面。

从转基因作物产业化所涉及的链条来看，相关主体可大致分为相关公共机构、相关研发专家、转基因生物技术公司、媒体以及广大公众。其中，公众所具有制衡的能力几乎为零。对此，这里所分析的制衡主体以公共决策机构、相关专家、生物技术公司、媒体为主。

利益制衡式策略的手段主要体现在一正一反的揭露层面：一是揭露相关公共机构为逐利而采取带政治色彩的陈词。转基因作物产业化的效用之一是可增产，而相关公共决策机构则以最重要的粮食安全问题为由来作为推广说词，但立马就有观点质疑转基因作物技术进行主粮转化应用的紧迫性，并提出决策的目的性应符合当下的社会需求的观点。例如，20 世纪 70 年代的婴儿潮使得人口激增，在彼时粮食增产则成为以满足人类正常生存的人道主义精神要求的迫切需求。然而，在目前，不论是从粮食的产量、人口的数量还是人们的饮食结构来考量，转基因作物技术产业化都没有紧迫到这种程度。

二是揭露相关研发专家的封闭性和私利性问题。封闭性与私利性二者紧密相关。封闭性是指"科技共同体"认为只有生物技术领域的专家才有资格参与讨论研发及检测等问题，而其他的环境专家、人文社科类专家则受到排斥。然而，产生的言辞的目的其实是在营造转基因作物专家内部的利益集团，以方便其对所公布的实验结果保持口径一致。由此，质疑的观点认为，科学家能够从转基因技术研究及其产业化中获得私利，可能会对转基因作物技术的不确定性视而不见，从而发表支持的言论。韦伯曾说过，有些事情虽不美、不神圣，甚至不善，但可以真①。这就非常明确地点明了科技专家的诚信道德问题。

三是揭露生物技术公司的贿赂及垄断行为。孟山都作为生物技术公司的巨头，其在控制转基因作物技术专利、垄断市场利益等方面都有一整套手段，尤其表现在为了利益而进行政治行贿上。在欧洲和加拿大，孟山都生产的转基因 rBGH 生长素因为未知风险性被禁止使用。因此孟山都公司为了让 rBGH 上市而贿赂加拿大卫生部。此外，孟山都还通过售卖转基因种子进行牟利以及对某些国家进行粮食控制，其途径是通过利用专利技术和国际公约等手段②。现代社会中，随着分工和资本的介入，种子反而成为了商人的利润工具。种子本是农业生产中最基本、最重要的生产资料。在传统农业中，农户甚至可以将个头大，整齐、没有杂质的种子提前晒干，找安全的地方储存下来，来年再播种。这种优选育种的常识以及种地留种的情况对于农户来说是再自然不过的事情了。然而，随着转基因作物技术裹挟的种种利益，种子的市场竞争越发激烈，而农户们却只能依赖生物技术公司。

四是揭露媒体报道在内容选择报道层面存在问题。媒体对转基因作物技术的报道在内容上是有选择性的。媒介有时可能会将风险放大，而有时可能会忽略一些严重的风险。比如，帝王蝶事件（在种植转基因作物的田间，发

---

① 〔德〕马克斯·韦伯著，冯克利译：《学术与政治》，生活·读书·新知三联书店 1992 年版，第 36 页。
② 《孟山都转基因或致癌》，环球军事网，http://www.huanqiumil.com/a/38095.html.

现大量帝王蝶死亡，而后研究者承认研究不完善，存在问题）就是一个很好的例子。对于这个事件，媒体一方面应当继续追踪报道该事件的实验方法和数据；另一方面，报道还应探究其是否存在别的因素干预了这项研究。因为数据结论已经被承认是不完善的，不能对转基因作物技术的安全性有因果支撑关系，这方面的风险已经弱化。而如果有人为因素干预了研究，那就会存在合法性合理性等问题，这反而是更严重的问题。上述这两个方面的报道内容才是赋有社会责任、为公众发声的媒体应当报道的内容。

上述困境主要是源于各群体只着眼于自身私利而造成的。英国国际发展部首席科学顾问 Christopher 对转基因技术的应用则提出了应针对国情需要来理性推进的观点。他认为，转基因作物产业化公共决策可按以下逻辑来推进：

第一，转基因作物技术应当是传统育种技术的补充，而不是替代。从近年的数据来看，转基因作物品种确实为每年全球农业的产能增加上做出了一定贡献，尤其是在发展中国家，伴随着水与肥料利用、土壤和作物管理、储存运输基础设施等方面的改善，新育种栽培品种确实在一定程度上能达到增产目标。但该技术应用只应作为辅助与主流的作物共同配合使用，传统的育种、种植技术仍应占农业技术的主导地位。这一观点是对生物公司、科技专家摆出的"抓住先机革新农业"的说辞的回击。

第二，转基因作物技术是实现人类所期望的遗传性状保留的一个方案。在阐述这一观点时，Christopher 以非洲豇豆为例进行了说明：研究人员为了避免豇豆被豆荚螟侵害，已经在传统育种层面研究耗费多时却无效果。而土壤细菌苏云金芽孢杆菌可以产生一种名为 Bt 的毒素，可杀灭包括豆荚螟在内的一些害虫。由此，尼日利亚研究人员把产生 Bt 的基因导入了当地豇豆品种中，并在小规模的田间试验中使得 95% 的作物产生了抵抗力。这体现了转基因作物技术保留遗传性状的正向功能，也说明了该技术不一定就展现为宏观层面的粮食增产、农贸发展等层面的效用。由此，公共机构对该技术的效用审视应有所反思，不要一味打上科技主权、粮食安全的政治口号来推行转基因作物产业化。

第三，对于转基因作物技术应用的推进应根据国情而定。Christopher 也明确指出，有报告显示，生活在欧洲的人口仅有 10%。因此，在欧洲粮食增产的好处很小。同时，欧洲还存在另外一种忧虑，那就是担心小规模农户被大规模产业化的农场主所欺压，也忧虑生物技术公司对农作物种子及相关农用品形成垄断。由此，从风险—效益的角度分析，欧洲对转基因作物产业化采取拒绝态度也就不难理解了。但值得注意的是，在欧洲一些比较缺乏的产品中，例如在一些药品上，其生产是离不开转基因技术的。这说明了转基因作物技术的应用要全面考虑各国自身的情景需求，而不是为了逐利而推行产业化发展。

Christopher 提出的这些观点值得我们深思和探讨。不论是利益依附式的策略还是利益制衡式的策略，其都是基于利益而且是私人利益的思维。这种多元却不进行协调的利益负荷必然会带来不合理的行动，也必然会使转基因作物产业化陷入僵局。因此，转基因作物产业化公共决策不能一味采取或是一味反对，而是应该在逻辑上能够从转基因作物技术研发、转基因作物商业化种植、转基因作物安全等层面予以综合考虑，同时兼顾政治、经济、生态、社会等公共利益而不是某集团单一的利益。

（三）某种利益获得阻碍其他利益获得困境

上文讨论的内容集中于分析追逐利益而形成的策略手段并不能达成共识这一困境的原因。接下来我们将着重讨论面临多重利益存在阻碍、冲突的情况下又会产生何种转基因作物产业化公共决策伦理困境。

多重利益或者说利益冲突在人类社会生活中是普遍存在的一种社会现象，尤其是在转基因作物产业化语境下，其多重利益涵盖经济、政治、生态、社会等多个层面。而这些层面主要包括科技专家、生物技术公司、公共机构及公众等利益相关主体。Martin 认为，在多重利益的情境下，往往可能会因某种利益的获得而阻碍其他利益的获得[①]。加拿大学者金里卡认为，利益可视为

---

① 参见 Martin M W. *Ethics in Engineering*[M]. New York, MoGrawHill,2005:31.

一种偏好，但满足偏好往往与后果论相连，即可能产生异化现象——受益者与受损者之间的关系并不平衡且会互相阻碍①。这些都说明：利益获得过程中存在阻碍和冲突。

转基因作物产业化公共决策伦理困境下的利益冲突问题又主要体现在以下两方面：一方面是因为其中一方因为一定的目的而依赖于另一方。例如，科技专家在研发所需经费方面可能会依赖于生物技术公司，也可能会依赖于公共机构。另一方面是某个主体有两个或两个以上的欲望，但却无法同时满足。例如，公共机构不仅要实现对转基因作物技术科技主权、农业革新、粮食安全、农贸优势等的追求，还要尊重公众健康生态安全等层面的诉求。

透过这两方面的利益冲突的表现形式，我们可以窥见相关存在的问题，即在公正、理性的表达利益层面、在扩大利益交集层面和在调节不合理利益层面存在着伦理困境。例如，公众在利益诉求表达受阻的情况下，对转基因作物产业化的态度会呈现出决断性困境；公共机构在引导、扩大利益交集上会存在旋转性困境；科技专家、生物技术公司则在调节不合理的利益层面时会表现出交易性困境、影响性困境。下面我们将对此一一展开分析。

第一，对于科技专家而言，其利益冲突表现为交易性的困境。这种交易性利益困境表现为——科技专家利用其所掌握的转基因作物知识原理及检测方法，结合其私人动机来"漂白"转基因作物安全性及推动转基因作物技术的商业化应用，即陷入用其掌握的技术知识"出卖诚信"来换取私利的困境，这也是科技专家所具有的"社会理性"角色弱化，而"私人利益"凸显的困境。他们利用所掌握的转基因作物技术知识原理及检测技术，结合私人动机来说明转基因作物的安全性并推动转基因作物技术的商业化应用。科技专家本应是基于"好奇心"和"不问政治"的态度去探索科学，其应对转基因作物技术安全性进行把控，但却因追逐私利而变成无法为公共决策提供科学、可靠方案，也无法满足公众安全需求的"经济人"。这种"公共性"的缺失，亦使科技专家为社会福利供给的能力沦丧。

---

① 参见〔加〕威尔·金里卡著，刘莘译：《当代政治哲学》，上海译文出版社2015年版，第16页。

第二，对于生物公司而言，其利益冲突表现为影响性的困境。这种影响性利益困境表现为"影响"二字，其意为"施加作用"。这种"影响"看似抽象，但实则可完全将其概括为利润驱动而对转基因作物产业化施加的影响，即通过转基因作物技术的扩散和转移来达到所期望的利益。转基因作物技术的研发状况、安全检测状况不是受实验结果的影响，而是受利益驱动的影响；转基因作物技术往往按照获利最大化原则来开展促进技术溢出活动。因此，在这种目的驱使下，生物技术公司并不会对可能带来的社会危害和道德影响进行审慎的评估和控制，而只会以利益最大化为原则获取技术扩散收益，尤其是在存在技术信息不对称的情况下，公众不能完全清楚了解转基因技术应用产生的后果，生物公司则会趁此机会大力宣扬这项技术的优越性而忽略其缺陷和不良影响[1]。

对于公共机构而言，其利益冲突表现为旋转性的利益困境。所谓旋转性利益困境是一种比喻性的用法，它形象地描述了在不同利益倾向中的"来来回回"、无法定夺的状态[2]：既要实现科技、农业、贸易等层面的发展，又要面对公众对转基因作物产业化不接受的诉求。这是一种有着双重的利益目标，但又很难清晰判断应倾向于哪一层面的利益，于是只能在二者间旋转徘徊的困境。然而，对于第一层面的利益目标，很难界定清楚公共机构是否在公共目标里也掺杂了私人利益目标。例如，公共机构可能会受到相关利益体的游说而导致灰色寻租行为，这值得我们反思和警惕。

第三，对于公众而言，其利益冲突表现为决断性的困境。决断性困境表明了公众对转基因作物产业化的态度比较强硬、不愿接受，除非拿出确实的科学证据证明其安全性。这是公众对科技专家、公共部门极为不信任，对转基因作物产业化合理性、正当性质疑的表现。公众的疑虑可概括为其对转基因作物产业化到底是实现"公共利益"还是"产业化利益"这一问题的质疑。尤其是公众在利益表达层面受阻的情况下，这种拒绝式、决断性的态度可以

① 夏冰:《技术创新管理伦理矛盾研究》,《科技进步与对策》2013 年第 8 期。
② 庄德水:《利益冲突问题》,《上海行政学院学报》2010 年第 5 期。

说是其情绪累积后爆发的结果。客观来说，公众对于转基因作物技术关注到的只是安全层面的问题，利益诉求较为集中也较为单一。而对于是否真的能给农户增收、减少农药等其他层面的利益则没有直接的感知。因此，在不信任的基础上还存在着不理解的困境，即公众只能从其自身对转基因作物技术的认知、理解而做出利益判断。而对于转基因作物技术的理解，不仅仅是知识储备的问题，更多是对技术的价值、效用的信任与接受的问题。

然而，面对多元化利益存在冲突的情况下，哪些取舍在道德上是可接受的？这种可接受的利益选择也必然涉及伦理问题。在公共决策伦理的相关理论中，尼古拉斯·亨利提出的正义理论极具代表性。他提出：在公共决策所考虑的伦理框架中，公正性理论给公共行政人员提供了做出公共利益决策时可行的方法[①]。约翰·罗尔斯则更为具体地提出，公共决策，甚至于整个社会运行的制度，都应尽量考虑到适合于每一个人的合理利益[②]。如果平等指向的是所有相关主体都具有同等的利益表达权利，那么，公正则在这个基础上更考虑了优先相关主体中较为弱势的那一方，这更彰显了正义性伦理精神。更重要的是，这体现了一种积极协调，化解利益冲突的思维。

而在具体实践层面，对于多重的利益，公共部门应考虑关键利益和利益合理性的问题。例如，公众要求的健康生态安全诉求与政治目标诉求哪个更为关键？哪个利益诉求在当下更为合理？这关涉相关主体能否真正享有其利益并受到保护的具体落实，这也是每天都必须与社会问题打交道的公共管理者应当肩负的责任[③]。而科技专家应当跳出私利依赖性的思维。他们应当认识到唯有对转基因作物技术安全性负责，才能创造福利让整个社会共享。而他们也身处这个社会中，同样也是利益的惠泽群体。因此，在研发和检测过程中，应有自律性。甚至除了这种软性的道德性方面的培育，还需要硬性的相

---

① 参见〔美〕尼古拉斯·亨利著，张昕等译：《公共行政与公共事务（第 8 版）》，中国人民大学出版社 2002 年版，第 700—707 页。

② 参见〔美〕约翰·罗尔斯著，何怀宏等译：《正义论》.中国社会科学出版社 1988 年版，第 60—61 页。

③ 参见〔美〕乔治·弗雷德里克森著，张成福等译：《公共行政的精神》，中国人民大学出版社 2003 年版，第 36 页。

关制度来落实科技专家的这种自律性。例如，科技专家研发检测的转基因作物品种必须公开其经费资助方的相关信息并形成一项具体的规制，不仅要进行公开还要进行管理，以避免制度流于形式化。而对于生物技术公司，我们应当正视其追逐利益最大化的客观属性，也应规避其用不合法的手段来影响科技专家对转基因作物技术的安全评定，更应规避其对公共部门贿赂而影响该公共决策的科学性和公正性。公众作为转基因作物产业化情境下缺乏表达渠道和相关组织性资源主体，仍然较为弱势。尽管在人数上庞大，但其在态度上表现得却较为决绝。因此，我们应当深化公众参与并让其如实了解转基因作物的相关知识、益处及风险点。这样才能让公众真正知悉并理解争议的焦点到底是什么，这样才可切实推进问题的解决。总之，对于转基因作物产业化的利益干扰和冲突，应深化利害妥协认知，在公正原则下达到充分权衡及合理分担利弊，这样才能解决各方的利益冲突，以达成满意方案并促进转基因作物产业化安全、规范发展。

（四）主体片面逐利是根源性困境

上述内容是从逐利策略、利益分歧入手分析造成转基因作物产业化公共决策伦理困境的缘由，而这些策略、分析是由相关主体的行为决定的。公共决策被视为相关参与主体讨论、协商后，再由公共机构综合意见及方案最终做出的决定。但更确切地说，所有的商讨到决定的推动、落实都是相关主体为其自身的利益诉求采取相关行动的综合。因此，本节将从相关主体的利益策略行为对公共决策最终的方案结果会产生关键性影响的内容进行分析。尤其是本研究的转基因作物产业化公共决策，所涉及的相关主体不论是科技专家、生物技术公司、公共机构还是公众，不论是为声誉、财富、政治目标还是自身的健康安全及消费价格廉价层面的相关利益诉求，这一切最终落脚点都在于相关主体仅从自身的诉求出发，片面逐利无法形成共识而导致的公共决策伦理根源性困境。

相关主体参与公共决策的实质是将其利益诉求、倾向、意愿付诸实践的行为过程。按转基因作物产业化发展的逻辑和语境，相关主体逐利的情况可大致概括为：（1）普通公众担任了转基因作物产业化消费者的角色，其诉求在于转基因作物及食品的安全、营养、口味、价格实惠等层面的效用利益；（2）科技专家追求的是声望、科研经费等利益；（3）生物技术公司渴望最大化获得技术红利；（4）相关公共机构则寻求科技主权、粮食增长、农贸利益等宏观的行政目标。这些主体追求的利益可以是物质利益，也可以是非物质利益，但均体现为各自片面逐利目标困境。

然而，正是这种"唯利己"的特性造成了转基因作物产业化公共决策伦理困境，我们应对这种不理性的经济人因素进行防控消解。基于上述产业化的逻辑，同时基于相关参与主体在利益争取和影响层面的程度，我们将分别从普通公众、科技专家、生物技术公司、相关公共机构的角度进行探讨。

对于普通公众，对于其追求的安全、营养、价格实惠的追求无可厚非。但值得注意的是，普通公众可能在心里感受层面过于担忧或可能存在的潜在风险，但无法看到或直接感受到农户种植转基因作物可减少成本、在一定程度减少接触农药等层面的效用而拒绝转基因作物产业化。由此，对于公众，一方面应满足其有关安全等层面正当的利益诉求；而另一方面在转基因作物技术原理及应用的预期红利层面的目标应对公众进行多元化的阐述以达成各群体都能较为满意的方案。因为在当下多元化的社会关系中，任何单独一方的利益相关者难以实现其利益诉求的最优效果，需要兼顾多元利益，这样才可能在满足自身利益的同时，也尽可能满足他人的合理利益以达成共识，这恰恰是利己及众的体现。

对于相关科技专家来说，则应进一步强化他们的道德责任意识。因为一项技术一旦到了应用阶段，科技专家所肩负的职能就已不仅仅是满足好奇心去追求科学的真这一单一的职责，尤其是关涉技术应用领域的公共决策时，科技专家的相关决策咨询行为更会影响人类福祉能否落实的求善问题。在大科学时代的当下，科技工作已是他们的一项职业，是实现其个人发展的驱动力。正是基于这一原因，才应对科技专家进行研究经费资助的监督。只有这样才能从根上保证他们的独立性，才能让他们成为真正的社会理性、社会良知的先锋者。

生物技术公司是比较难规范其逐利行为的相关主体，因为其特性之一就是追求利润。因此，需从多方面入手，甚至可从硬性的法律底线进行强制规范以约束其逐利行为。这些规范可大致从微观、中观及宏观的角度来划分：微观上，可对转基因作物及食品的研发、生产等安全性检测溯源；中观上，可对种子、食品等行业进行标准监督；宏观上，可实现同法律处罚的联合治理。尤其是法律处罚，其具有极大权威性。一旦生物技术公司触碰到逐利底线，就会进入司法诉讼程序，通过裁判来进行强制性的利益调节及平衡。

对于公共机构来说，其往往通过产生特定的社会公共需求及发展等理由来实现逐利目标。一方面，公共机构主要宣导转基因作物产业化科技主权、农贸安全等的政治性目标；另一方面，借此掌控更多主动权，甚至形成知识、信息、权力的垄断以借此逐步实现其利益目标。对于这种情况，一方面，需要注重公共机构决策履职的程序性、合法性层面的制度建设；另一方面，应注重外部监督对公共机构决策规范的落实。做到这两点，则可在一定程度上解决公共机构决策责任隐而不明的困境，即明晰了具体是谁、具体在哪个环节该负何种责任的问题。

总之，对于转基因作物产业化所负载的多重利益，同时又夹杂相关主体各自片面逐利的困境，应当明确相关主体要综合考虑安全需求、发展导向的目标，而非单一的片面逐利。同时，相关主体参与公共决策应明确公共、多元、商讨的程序而非独大的行动空间，在此基础上真正实现公共决策伦理精神的践行。唯有如此，才能规范地推广转基因作物技术应用以真正达到促进人类福祉的红利目标。

三、复杂行政环境导致的公共决策伦理困境

前文中，我们从认知不确定性、多元利益分配的角度阐述了造成转基因

作物安全层面、相关主体利益博弈的困境缘由。接下来我们将从相关决策程序的角度进行探析。由于转基因作物产业化公共决策的动机、回应、公开性等程序层面问题又与整个行政环境密切相关，因此，我们需要引入行政环境学的相关理论来对其进行分析。

行政环境的概念是由学者高斯最先提出的。他将"生态学"概念引入"公共行政"中，认为分析公共部门的行政内容还应考虑当时情境下的社会文化等综合环境因素。这一概念后由学者里格斯进行了发展，将其定义为：关于自然以及人类文化环境与公共行政、公共政策运行之间的相互影响情形的研究，并提出了通过光线的棱镜折射可以象征性地显示一个社会转变的3个过程：一是完全适应传统农业社会的融合型环境（公共部门行政职责较为单一，只追求经济发展）；二是传统农业社会和现代社会相交错的棱柱型环境（公共部门行政职责细化，注重效率性发展）；三是现代工业社会开始运行的衍射型环境（公共部门行政职责的科学分化，重视与公众的沟通）。同时，行政环境所考虑的因素集中在经济要素、政治构架、社会符号沟通等方面。其中，经济要素很好理解——即追求社会经济水平的发展。同时，这一要素亦是行政的重要影响因素。政治架构则是指行政的目的和公共部门职责的依存关系。社会符号沟通的实质是指要重视对公共行政造成社会舆论影响的最普遍主体——公众群体，因为他们关涉行政的"动员性"、公开性及"接受性"问题。

转基因作物产业化一直处于争议状态，而基于上述行政环境学说，这项技术是现代甚至可以说是后现代科技主要应用到农业领域中，进而引发了整个社会层面的价值讨论，属于衍射型行政环境后期发展下的复杂性公共决策。其大致对应了是否以经济要素为首要行政指标的争议、维护农贸和科技主权的行政动机是否合理的争议、是否尊重了公众这一社会主要群体要素的争议以及是否公开回应社会舆论形成接受性方案的争议。这与第三章公开性困境的内容相关并能形成一定的解释性。下面我们将一一进行分析。

（一）公共机构面临既要保证公民幸福又要实现经济发展的复杂环境

转基因作物产业化之所以会成为一项公共议题或者说成为一项公共决策，其原因在于当技术从实验室走向实际应用阶段时，就进入了技术问题社会化的过程。而公共机构或者说政府会对技术应用的合法性给予确认，甚至出台相关政策。由此，公共机构就应开始考虑达成何种目标、如何履行公共决策职责、如何回应公众等这些复杂行政环境问题。

而公共机构作为主导部门和最终决定的做出机构，其必定要考虑相关目标、规范以及行政职责等问题，这也是其公共性及伦理性的体现。转基因作物产业化语境下，公共机构认为自身肩负着让最大多数人获得最大幸福的使命，而转基因作物产业化带来的经济效益可让公众获得幸福，这显然是行政环境中受经济因素影响所形成的动机，甚至是以经济要素作为首要行政履职的指标。然而，幸福并不是只有经济发展这个唯一的指标来作为衡量标准的。这种单一性获得幸福的决策理念必定存在偏颇。从古至今，类似国家、政府、公共机构这样突出公共群居生活方式的概念之所以会存在，就是因为人们想获得安全和庇护。前者的价值指向是社会生活的秩序及其稳定和谐，后者则指向社会生活的善[1]。由此，幸福的深层含义应当是多维的保障，而不是权力主体所谓的单一的经济因素。

这样的理念存在偏颇，即公共行政部门，或者说公共决策主体会因为想达到某种目标从而围绕这一目的找到更多的理由和规则。而政府认为发展转基因作物产业化，才能保证经济发展以及本土农业的竞争力，最终实现最多数社会公众的幸福，这其实也是政府将这一功利使命合法化，但却漠视了争议性技术应用的伦理道德性，也忽视了社会公众的公共利益[2]。

由此，公共机构所考虑实施的一系列转基因作物的产业化应用，大多还是建立在经济要素基础上的，这恰恰是里格斯提出的行政环境学说所讨论的以经济要素作为首要指标是否合理的问题。这一问题关涉公共部门面临多职

---

[1]　参见万俊人：《论正义之为社会制度的第一美德》，《哲学研究》2009 年第 2 期。

[2]　刘柳：《转基因作物产业化决策理念探析》，《四川行政学院学报》2016 年第 6 期。

责多价值取向的排序选择，即哪些职责应先履行、哪些价值应优先考虑的问题。从公共决策伦理的理论嬗变来看，从传统公共决策的效率至上、新公共决策的追求公平正义，到新公共管理的考量效能，不论哪种职责优先，也不论哪种价值优先，从最典范的角度来说，应当是满足"公正基础上的效率和效能"①，因为这才是公共部门形成的基础，才是公共的伦理精神之所在。

所以，转基因作物产业化公共决策伦理困境只有突破"算学"或"功利学"的障碍，才能实现人、自然、社会的真正价值。诺贝尔经济学奖获得者阿马蒂亚·森就曾强调，经济只是伦理的分支之一②。换言之，政治经济的现实境遇与伦理道德这二者是具有深刻渊源的，而公共部门需要平衡追求效用和公共伦理的二者关系，不应只追求经济发展这种单一的行政职责。转基因作物产业化本身就是一个非常复杂的过程——从科学技术到社会技术，从技术红利期望到技术灾祸防御。这正是一个公共部门职责和价值"多向度""重叠性"的体现。由此，转基因作物产业化确实也应考虑技术应用带来的经济问题，但并不能将这一指标唯一化、权威化，甚至为了满足"私利的经济发展"而将其打上追求公众幸福这样的合法化标签。

（二）公共机构面临实际农贸压力与潜在主权威胁的复杂环境

农贸、主权问题对公共部门造成的压力环境与棱柱型环境理论阐述的公共部门行政注重效率性履职有不谋而合之处。然而，一味追求行政效率必然会导致前文第三章所述的相关困境。

具体来看，在国际贸易自由化背景下，转基因作物技术流动速度很快，其所带来的经济利益正呈现出指数增长的态势。因此，公共部门不仅会大力号召要致力于转基因作物技术的研发，而且更会努力推进实施其商业化发展的步骤。不论世界上哪个国家，也不管其自身拥有的自然资源如何，本国的

---

① 唐贤兴、王竟晔:《转型期公共政策的价值定位：政府公共管理中功能转换的方向与悖论》,《管理世界》2004 年第 10 期。

② [印] 阿马蒂亚·森著，王宇斑译:《伦理学与经济学》，商务印书馆 2000 年版，第 36 页。

农业、粮食、农产品都是其生存、发展的基础。同时，如果一国以产量高、成本低、有价格优势的转基因作物农产品进行贸易竞争，他国必定会面临强大的农贸压力。而实施转基因作物产业化在一定程度上可抗衡这种农贸压力，甚至还可能实现农产品的贸易利益。

参阅众多文献可以发现，对于公共部门倾向于转基因作物产业化发展的缘由有着这样的阐述：如果转基因作物这项技术不走出实验室，就会和社会经济脱轨。这样会造成经济发展受阻，甚至会出现因失去转基因作物方面的科技主权而受制于他国技术专利的局面。发达国家甚至可以利用其占据优越地位的科学技术以及社会政治经济结构，向欠发达国家转移转基因技术及其产品，甚至是形成基因侵入与控制的局面[①]。目前，国际上最有名的生物技术公司巨头是孟山都，其在推广转基因种子以及垄断市场方面有着独到的手段。全世界超过 90% 的转基因种子使用的都是孟山都的专利。同时，其公司售卖的转基因作物种子价格是普通种子的五倍。而且其在售卖种子的同时，还会另外收取 20% 到 30% 的技术费；购买种子的农户要书面承诺每年收获后，不私自留存种子用于来年播种。此外，孟山都公司还规定其种子和除草剂必须一起购买，这种捆绑销售的目的就是巩固其在市场的垄断地位。这些手段确实在一定程度上反映了转基因作物技术在科技主权、科技专利上的竞争态势，这将迫使公共机构急于抓住转基因作物技术产业化的先机。

然而，对于这种打上政治色彩的决策缘由，公众表示，这些缘由会不会只是一种推进转基因作物产业化的叙事工具。不论如何，我们都应明确不应利用技术知识——社会影响这二者为中介，来达到特殊目的[②]。从具体层面来说，在科技主权利益层面，可以加大转基因作物技术自主研发的力度，形成一批在方法、材料、技术上都是自主研发的转基因作物品种。然而，研发归研发，转基因作物技术是否一定要如此迫切地进行产业化发展，并实现所谓的行政效率，这仍值得商讨。在农业发展农贸层面，则可启用备选方案以更

① 〔美〕威廉·恩道尔著，赵刚等译：《粮食危机》，知识产权出版社 2008 年版，第 95 页。

② 万里：《科学的社会建构》，天津人民出版社 2002 年版，第 152 页。

好促进农业发展、减缓农贸压力。也就是说，即便是如此复杂或者说形势紧迫的行政环境下，行政效率与其被赋予的合法职责不论如何都应相匹配，这也是政治构架因素的内涵所在，即尽可能避免行政机构在自己的权力场域里的自说自话。

由此，针对公共决策效率性问题，我们还应明确责任、底线伦理精神。韦伯最早提出责任伦理（Ethic of Responsibility）一说，并由汉斯·约纳斯发扬了这一概念，其核心思想是预见行为产生的后果并努力克服那些负面影响[1]。这一伦理是专门针对公共决策行为提出的。尤其是转基因作物产业化存在多方意图地互动和多方博弈，其最终结果会影响到普通民众的日常生活。因此，这种责任伦理其实面对的是一种要顾及后果的行为选择。所以，还应当有一个底线伦理（Minimalist Ethic）作为公共决策的有力补充，即一个"不能做"的道德底线。这种底线伦理直接指明了不应只追求效率性的内在道德和外在行动。

（三）公共机构面对公众思维呈"阴谋论"式的复杂环境

转基因作物产业化影响最大的群体是普通公众，而公众的认知、思维以及他们所形成舆论又反过来影响着转基因作物产业化公共决策的进程，这正是行政环境学说中所指的社会沟通符号因素的影响，即关乎公共决策的"动员性"和"接受性"问题。同时，这与信息公开、程序民主亦具有密切的解释关联性。

所谓"阴谋论"，是指将复杂然而又不相关的事情进行叠加，其逻辑线条呈单向度、直线化的认知思维。阴谋论的实质是怀疑论的推导，原因主要是现实来源的信息不够或者说不对称[2]。如果这种信息不对称的情况持续或者不

---

① 参见〔德〕汉斯·约纳斯著，张荣译：《技术、医学与伦理学——责任原理的实践》，上海译文出版社1970年版，第77页。

② 〔法〕让-埃诺尔·卡普费雷著，郑若麟译：《谣言——世界最古老的传媒》，上海人民出版社2008年版，第7页。

断放大，会使人无法做出理性判断，甚至对整个事件都产生怀疑。

　　转基因作物产业化语境下公众的认知思维存在一定的"阴谋论"式的特征。公众对转基因作物产业化的质疑，概括来说主要集中在安全性层面、利益分配层面、其自身的知情权层面这三个方面。

　　对于安全性层面来说，公众的"阴谋论"思维表现在不相信专家对转基因作物技术的原理解读和对权威的不再信任上。公众认为，转基因作物连虫子都不吃了，人还能吃？转基因作物不属于大自然，其一定存在危害性。而当科学家们开始从遗传、细胞等科学内容讲起，对公众进行科普时，公众仍未吸收、理解、接受这些原理，甚至还扭曲了这些科学知识，认为专家们并不诚实，没有公布研究的实情、实验及数据。科学家们指出，转基因作物是将效果明确的生物基因段通过载体导入其他物种，从生物界内部取基因来改良物种的技术作物，是另一种杂交育种技术。而传统的杂交技术，其杂交出的是随机变异的新基因。这种新基因或许原本并不存在于生物界。而且杂交技术在具体操作方法上，甚至还采用过高能射线照射手段来获得新的基因，并不断筛选发现好的性状基因再作为良种推广①。可是，为什么人们对以前的杂交育种却能够接受呢？公众则指出，对于这么多关于小鼠吃转基因土豆长肿瘤的报道、转基因玉米田间帝王蝶几乎灭迹饿的报道，一会儿说报道属实，一会儿又说实验方法不科学所以结论不实的情形，导致公众对该项技术不仅呈碎片化认知，更呈现出非信任式的态度。因此，他们宁愿信其有，以拒绝态度来保全自身安全。

　　而在利益层面，公众的"阴谋论"思维在上述不安全性认知思维的基础上进行了叠加，往往认为转基因作物技术的推广是因科学家、生物公司、公共部门具有"经济人"属性，其目的在于谋求技术利益。公众对其自身所接收的信息进行选择性的理解进而影响了其对转基因作物产业化的态度。即使媒体报道了作为转基因作物技术研发的强国，美国经其国家科学院的系列研

---

① 参见马平：《转基因什么味？这是个文化问题》，观察者网，http://www.guancha.cn/MaPing/2015_11_24_342352.shtml.

究证明转基因作物可安全食用[1]；甚至诺贝尔奖得主联名称转基因作物是安全的，可造福非洲缺维生素 A 而导致眼盲症的人民，更可帮助贫民摆脱饥饿等这样的有关转基因作物技术进程的信息，但公众对这样的报道并不买账，且并未做过多的考量和新闻事实追踪。但如果媒体报道的内容是"阿根廷是被转基因作物毒害的国家""中国科学家张启发与美国生物技术公司巨头孟山都公司有合作"这类的新闻，公众就很有可能本能地将这个解释归结于事情的背后都有目的和联系，存在强大的操控性，且其目的无非是"利益"二字。在某些人看来似乎任何事情指向利益二字都能变得合乎可能、合乎常理。基于这样的"阴谋论"思维，公众采取对立、抗拒的态度而不愿意去认知、理解转基因作物这项技术的相关知识原理、发展情况以及相关审批等事项似乎也就变得可以理解了。

对于知情权，公众的"阴谋论"思维认为，转基因作物产业化的相关信息肯定存在隐匿的情况，他们所拥有的知情信息是受到限制的，甚至是经过漂白的。这种思维使得公众不仅不能对转基因作物技术进行客观、科学的认知，甚至在这种思维下还塑造了新的风险——对专家、政府不再信任和接纳，由科技应用的风险问题扩大到社会制度层面的公信力问题。而对于公众知情权利的落实，其渠道无非有官方、非官方这两种。如果官方公开、宣传的信息都不能被公众正确认知和接受，那么"阴谋论"式的舆论肆虐也就不难理解了。官方发布信息让公众知情的渠道需要通过媒体的传播、表达，而目前媒体在转基因作物技术的传播和民众的实际沟通中并没有取得很好的效果，其原因主要在于：媒体的表达方式并不能很好地增进公众的知识，而缺乏相关知识的公众就只能关注与自身相关的敏感话题，并不能真正理性地去判断信息。尤其是在转基因作物产业化公共决策上，公众认为：在没有逼近对转基因作物技术的认识和研究之前，不能否认其未知的风险性。这就如同波普尔的白天鹅和黑天鹅的论断一样：在没有发现黑天鹅之前，不能否认有黑天

---

[1] 《转基因作物宣布无害，你敢吃吗？》，搜狐网，http://mt.sohu.com/20160522/n450826142.shtml.

鹅的存在①。公众这样的担心是可以理解的，但其问题在于：公众不愿用理性思维去认知严谨的科学表达、不愿对信息进行判断，而只愿接受敏感的负面信息，这其实就是由于给定的信息不能吸引公众的兴趣和注意力，而公众心理机制又呈负面倾向造成的。因此，对于媒体这一平台的道德建构、报道主题的选择、叙事方式的科学性、合理性等方面的规范力度应大力提升。这是扭转公众"阴谋论"思维恢复对整个社会信任，进而达成对转基因作物的共识的重要路径。

公共机构对于"阴谋论"式的思维环境应当这样看待：一方面，公众确实有权对相关信息进行质疑，但另一方面，亦不能忽视其所质疑信息的方式和思维是否符合合理性与可能性、目的性与科学性。所谓合理性与可能性是指公众要尽量获取有效、合理的信息去评估每件事的可能性，而不是用误解所形成的"无知"来做真假判断。所谓的目的性与科学性是指公众不能执着地认为万物都有利益目的而一味从目的性去探究根源，应从科学的角度去寻求答案。例如，风怎么吹、石头怎么落下来等现象并不是有什么利益和目的在控制它这么做，而是由物理定律决定的。显然，对于转基因作物产业化公共决策之争，在复杂的行政环境下已演变为科学与非科学、理性与非理性的争斗：一方面是科学知识的理性之论，另一方面是价值取向的理性之论。但不管面对何种争论，我们都应将其置于理性的、追求公正的、民主的行政环境下来讨论。这需要在信息公开、与公众进行的科学沟通和充分的方案商讨等层面做出更多的努力，以营造理性的公众认知环境和良好的公告决策环境。

---

① 刘柳、徐治立：《转基因作物产业化与行政伦理进化》，《理论与改革》2016年第3期。

第四章

转基因作物产业化公共
决策伦理价值取向

在分析了转基因作物产业化公共决策伦理困境及其缘由后，我们不禁会思考：面对这些问题，当前对转基因作物产业化将以什么样的公共决策来对齐进行运行和操作？由此，接下来我们将分析转基因作物产业化公共决策伦理价值取向的基本原则，同时并分析目前对于转基因作物产业化实践主要存在的三种政策态度。这将有助于我们更好地认识和处理相关科学思想层面及伦理价值层面的问题，进而对当下存在的一些偏颇的价值取向进行调整。

一、转基因作物产业化公共决策伦理价值取向基本原则的确立

价值取向基本原则的确立有利于转基因作物产业化公共决策在具体操作层面形成规范的伦理价值取向依据，进而在面对技术层面的风险、利益分配层面的冲突、决策程序层面的民主性等问题时能有相应的基本伦理原则予以应对。在前文对转基因作物产业化公共决策困境、缘由探析的基础上，本章将着力探寻转基因作物产业化公共决策主要关涉认知诚信、利益公正及程序民主这三个方面的价值取向原则。下面将一一对此进行分析。

（一）认知诚信原则

在伦理道德体系中，诚信是一项基本伦理原则，是实现其他伦理精神的基础，因为其直接影响其他伦理道德的真和诚。如果连诚实、可信都达不到，何来进一步实现公正、民主等伦理价值取向呢？

认知，是人认识外部世界及规律的过程，即通过感官对信息进行加工的心与智相结合的过程。这一过程涉及人的思维、经验、常识、心理等因素。

在明晰了上述两个概念之后对于转基因作物产业化公共决策语境下的认知诚信意涵，我们可以从内外两个道德规范层面来进行把握：一方面是从内对转基因作物技术的相关知识认知能切实追求科学实在并遵循诚实的相关规范来落实；另一方面是从外对转基因作物技术所涉及的原理知识、潜在的风险、预期的效用等相关信息能够全面、客观、真实地呈现出来并能够告知各相关主体以实现科学、公正、民主的公共决策来践行。这既秉承了对科技研究"追求真理"的诚实取向，又贯彻了对科技应用后果说明的诚信价值。尤其是转基因作物技术作为一项直接关乎人类健康、环境安全等与生存条件密切相关的复杂性生物技术，其所蕴含的不确定性，在当下的认知、科学、实验等理论方法条件下，并不能通过内在计算、表征检测、延伸理解等方式来形成完全对应的因果解释，这就更加突出了该技术在产业化发展中应切实遵循真实、可信的价值取向以尽可能避免人为风险的重要意义。

在转基因作物产业化所涉相关群体中，公众对于这项技术的认知有别于专家、利益集团及公共决策机构。客观而言，专家对该技术知识的理解、掌握比其他群体更为专业和深刻，但也不能排除其因负荷私利而违背科学认知和诚实规范，只提供那些对其自身有利的知识信息的可能。而利益集团对于这项技术的认知更多是基于大规模商业化种植应用后所带来的技术红利的效用角度。因此，他们并不会对或存在的潜在风险做过多的检测和考量。相反，甚至可能采取"便捷"方式来推进该技术的产业化发展。而公共机构考虑的则是农业科技主权等层面的政治诉求。由此，公众对这些主体所提供的转基因作物技术安全的真实性以及相关信息的透明度等提出了质疑，这正是确立转基因作物产业化公共决策认知诚信的逻辑所在。就认知诚信原则来说，从其意涵逻辑来探析，应当蕴含诚实、善德、信任这三个主要方面的内容：诚实意味着相关信息是真实的，体现的是追求科学实在真理性和遵循认知规范，并将结果如实告知相关群体以践行真和信的认知行为规范；善德意味着其动机和预期结果是良善的；信任则意味着各群体对最终方案是信赖的。下面我们将对这 3 个方面的原则一一展开分析。

1. 认知诚信的诚实原则

诚实指向的是传递真实信息的意涵，尤其是转基因作物产业化公共决策语境下，它意味着应追求科学实在真理性而不以主观态度、偏好为遵循标准。同时，这种诚实意味着公共决策部门应对其相关政务行为做出具有真实性的允诺——转基因作物产业化公共决策的相关信息应真实，无违规、对公众无欺瞒并实现庇护的承诺。

这意味着对诚实允诺的践行不仅肩负了认知规范，更应履行社会影响层面授信的责任。由此，转基因作物产业化公共决策语境下的诚实原则不仅需要遵循科研认知的精准解释性，还应符合满足公众获得真实、全面、客观的相关决策信息的诉求。转基因作物技术从研发到产业化应用的原初目标是实现增产、减少农药使用、降低食品价格、增加农产品贸易收益等公共利益，从公众的意愿、公共目标的角度而言，这些本是善的公共决策。但善的前提是真，这也恰恰是诚实原则提出的缘由，即转基因作物技术在科学原理、实验检测的安全性结论是否真实、准确。这就使技术安全层面的问题转向了质疑决策真实性及相关主体是否负荷利益的诚信伦理问题。因此，这也成为了转基因作物产业化变得异常敏感的原因。

由此看来，转基因作物产业化公共决策诚信原则应从遵循实事求是、信守规范、健全诚信法制这三个方面入手。遵循实事求是，要求相关主体尤其是科技专家、公共决策部门这些与转基因作物产业化最具密切关联性的主体应对该技术相关科学原理进行"严格证伪"，以力求做到准确认知。而对未能判断的潜在风险，则应持审慎的态度并全面、如实告知公众其可能存在的不确定性风险。信守规范，要求转基因作物产业化公共决策必须明确相关参与主体不断扩展真实、可靠的转基因作物技术科学认知的责任，这是一种约束关系下的行为规范。健全诚信法制，这是从执法监管的层面去落实诚信行为。国际上不乏有关科技应用的诚信管理法规和细则，这对科技专家、公共机构相关主体的科学认知、诚信伦理、公共决策行为评价等提供了强有力的依据支撑。由此，遵循诚信才能将转基因作物技术产业化应用的科学规范与履行公共决策如实告知的义务有机组合起来，这样才能促进转基因作物产业化公共决策伦理的落实和共识的达成。

2. 认知诚信的善德原则

认知诚信意味着相关主体具有善德。所谓善德是指善良诚恳的内在品质，这指向的是善良的意志，即不仅拥有促成善的结果，更在于有促成善的期望和动机。而转基因作物产业化公共决策所涉及的群体中，目前真正能发表意见的主体主要有这三类：一类是对转基因作物技术原理深刻理解的主体，一类是有较高人文素养的主体，还有三类则是基于政治经济等诉求的主体。

第一类主体的观点较为中肯：他们认为，转基因作物技术在农业发展层面具有一定的革新作用，也是未来生物技术领域的一大趋势。但是对该项技术的应用还需进一步完善其实验检测，甚至需进行人体临床实验以不断形成有效的数据和结论。最重要的是，必须要尊重公众的意愿，要公众接受才能推行。中国农学家袁隆平就是这类群体的代表。他认为，转基因作物技术确实能增产，但他还提出，要进行代际人体实验观测，即第一代人体实验后，他们的下一代也要健康，才能较为准确地把握转基因作物技术的安全性。

从技术安全的角度考虑，第二类主体的观点相较于第一类主体而言，还关注了技术信息的公开、公众参与、决策的共知及诉求表达等层面并讨论了转基因作物产业化可能造成的相关社会影响。他们所讨论、所追求的是公共决策目的及过程的善性、正道这些价值取向。

至于第三类主体的观点，确实可能存在夹杂其他利益诉求而忽略潜在的不确定性的情形。同时，这部分群体还可能反过来质疑公众的科学素养，并以此为借口竭力宣导该技术的安全性，甚至还可能将转基因作物技术与拯救贫困人民的粮食问题捆绑在一起以形成道德情境上的绑架。

对于前两类人群，他们内在的动机是符合德性的。而对于第三类人群，其道德上的善性问题值得反思。这种非诚实的行为源于对私利动机的不能"节制"（Abstinence）和不能"审慎"（Prudence），它忽略了转基因作物产业化公共决策及价值上蕴含的公共性。而从词源追溯，诚信所蕴含的真、诚与公共一词的词源具有共同指向性，即都认为应达到善的状态，二者却是从只关心自己到理解他人、再到形成一种周全的全体安排[①]。这就非常明确地指出，善性的公共决策应在公众普遍了解相关真实信息的注视下公开进行，而不是隐蔽信息，这是公共决策的基本规范和精神。

3. 认知诚信的信任原则

认知诚信还意味着转基因作物产业化公共决策应取得公众的信任。诚信不仅在于诚，还在于信。信的意涵聚焦于相信、信任，这也是公众接受度的关键因素。要赢得公众的信任，就必须对技术原理、技术风险、技术效用做出说明，并与公众商讨，尊重公众的意见和诉求。同时，这些说明必须在方案中能够与之相匹配地兑现出来。这样才能落实真和诚的价值取向，才能让公众信服。这是信任产生的前提。在此基础上，才可能进行有效、精准的决策方案商讨，倾听民意并进行相关诉求的沟通，才可能达成公共决策的理解和共识。

客观来说，转基因作物技术不能完全证实其有害性或安全性是争议的源头，尤其是当下的科学思维依然认为通过实验可获得对技术的全面认知。而这种认知忽略了科技的快速发展和增长，已经跳离出传统的科学认知范式。面对当下技术所蕴含的现代甚至是后现代的非常规特征，我们应当正视并承认科学认知的局限性。而正是由于转基因作物技术层面的安全模糊性造成了公众对该项技术存在"反功能"的认知印象，更加强了公众对转基因作物在技术层面主观感知的风险性，这亦是造成不信任的原因所在，亦是影响诚信的因素。

---

① 〔美〕弗雷德里克森著，张成福等译：《公共行政的精神》，中国人民大学出版社2013年版，第33页。

诚信价值除了体现在技术层面应具有真实、客观、全面的认知外，还体现在公共决策部门对相关信息公布以获得公众信任和支持的层面。转基因作物产业化公共决策相关信息的了解渠道主要有官方和非官方两种途径。官方公布相关信息的本意旨在破除信息垄断，并在此基础上将相关方案、权利分给公众。这不仅是诚信认知、诚信行政的支柱，更是确立回应性的基本路径。如果官方途径都不畅通，那么公众通过非官方的途径所了解到的转基因作物产业化相关信息在很大程度就可能存在非理性的认知。甚至有人会认为转基因作物技术是发达国家要控制发展中国家的"武器"，类似于这样的信息传播还有很多，先不论其科学性或真实性，最关键的是这不仅不能形成公众的理性认知，反而可能会引发社会分化的风险。而这种"野蛮"的认知思维、商讨过程与我们渴望的诚信、文明决策之路越发背离。这恰恰是确立认知诚信原则以避免迷失在"黑箱信息"之路的意义所在。

（二）利益公正原则

转基因作物产业化语境下的利益分配始终是公共决策伦理层面的重要问题，相关群体的态度、行为都与他们自身的利益相关，这是公共决策必须要落实利益公正的价值渊源所在。

公正与公平这两个概念在意义上具有相似性，有必要对此稍加辨析。公正（Justice）的落脚点在于"正"字，即正义的价值取向，而公平（Fairness）的意义则侧重于"平"，意味着不偏不倚的价值取向。由此，利益公平指向的是分配平等、一致，而利益公正则是在平等的基础上还切实考量了正当性。所谓正当性，其意义在于"照顾"了弱势群体的利益。正是这种正当性的价值取向才能解决"人生平等，但人又生而不同"的问题。先贤亚里士多德明确指出，公正是一切德性的集合[①]。学者罗尔斯提出的公正思想则直接指向了分配层面。他认为，利益公正的伦理精神建立在整个社会形成的契约基础之上，而这种公正的意涵体现在两个层面：一是在平等的初始情况下的一致同

---

① 《亚里士多德全集》第 8 卷，中国人民大学出版社 1992 年版，第 95 页。

意，二是在结果上形成的约定，这种约定偏向弱势群体的利益以维持社会群体的团结①。这些观点都明确了利益公正的价值所在，即平等保证了社会群体享有的共同的公民权利，而公正在此基础上给予了弱者以照顾这一点恰恰又彰显了差别对待的合理性和政治的合法性。

公正这一伦理价值一直以来都备受关注。从传统社会对公正的理解聚焦于思想道德层面，再到现代社会在制度层面对公正价值加以构筑，这些是解决问题的框架，公正的价值取向是和谐社会建设、共同走向富裕之路的关键。唯有公正才能实现人与人的相互理解并通过"社会语言"（如参与协商等活动）和"社会行动"（如分配补偿等制度）达成认同，最终形成一种伦理规范和价值体系。利益公正的本质不仅体现在平等权利原则上，更深刻体现在利益协调上。这是一种平等生存、理性互助、共同发展的价值原则②。

由此，利益公正原则真正注重的是"人"，是一种遵循关爱、尊重、分享的精神。在具体层面，可从诉求表达机会、具体分配调节以及利益行为责任落实这三个主要方面来考量。这大致与前提公正、过程公正、结果公正的逻辑相对应，亦是公正原则实现的路径指向。下面我们来一一对此进行分析。

第一，各群体在利益诉求表达上应有共享的机会，这是实现公正的前提。转基因作物产业化的利益是综合式的、交叠式的，是有经济利益、有政治利益、有夹杂个人私欲的利益，也有最基础的健康安全诉求层面的利益。而表达的公正性是影响利益分配的关键因素。在实践中，各群体所拥有的利益诉求表达机会不可能完全等同，表达能力亦有强弱之分，这恰恰需要明确利益表达的机会公正性。政府应提供给各群体一定的渠道和资源，更为重要的是，这些资源应倾于弱势群体，因为只有这样才能在存在差距的事实下拉平各群体的表达起点。学者奥斯特罗姆则非常明确地指出，每个个体都应具有共同、共享的资格表达其需求③。由此，利益表达上的共享机会是人类历史进步自然

---

① 参见〔英〕罗尔斯著，何怀宏译：《正义论》，中国社会科学出版社 1988 年版，第 213 页。

② 参见唐代兴：《公正伦理与制度道德》，人民出版社 2003 年版，第 35 页。

③ 参见文森特·奥斯特罗姆著，毛寿龙译：《美国公共行政的思想危机》，上海三联书店 1999 年版，第 52 页。

生成的德性，而这正是公正原则的前提。

第二，各群体在具体的利益获得、利益分配环节应进行调节，这是过程公正的体现。本书语境下的过程公正更为直接指向的是提供相应制度来保证各群体的利益公正。一方面，过程公正是指各群体在此制度框架下展开利益分配的活动；另一方面，这样的制度可给予各群体利益调节一些指引，尤其是产业化下的经济利益层面，涉及的群体比较多，例如，种植户与种子公司、生产者与消费者等相关利益主体。而在具体的利益调节层面，这种过程公正还可转化为更细致的实践制度。比如，明确规定种子公司不能对种植户进行种子附加费用的收取，或者不能将种子与其他农产品进行捆绑销售，而生产者则应在其生产的转基因作物食品中标注清楚成分、含量并保证食品质量。这些都是对具体的利益过程行为层面的调节。也是实质利益公平的行为活动，更是在尊重"利益差异性"的基础上所秉持的"利益求同性"的精神气质。

第三，各群体的利益分配行为应明确责任进而落实，这是结果公正。唯有利益分配最终落到每个个体上才能说得上是结果，而只有明确责任才能达成对各群体利益分配公正结果的落实。也就是说，结果体现的是分配行为的完成，而公正才表明了对资源如何分配的一种兑现。责任框架恰恰是促进分配结果能够达到均衡合理状态或实施的一套行为规范。对于转基因作物产业化语境下普通公众的健康安全利益诉求，知识精英在研发检测中就应担负起责任，相关利益集团则应在生产、销售环节对转基因作物食品落实质量责任保证，而公共机构则应履行相关监督责任。此外，对于政治利益来说，这主要涉及技术专利、农贸规则层面的问题。结果公正也一定程度上与国际规则相关联。国际经合组织、世贸组织、粮农组织应形成统一、规范的细则来明确发达国家与发展中国家在转基因作物技术专利、农贸方面存在的利益协调问题，这也是责任落实的体现。唯有这些层面的责任落实才能构成利益公正生成的要件，因为利益公正的最终形成还应有相应的根据、标准、规则，这些在本质上指向的都是责任的践行。

具体分析，转基因作物产业化公共决策的利益公正原则可细化为公众受益性原则、共同而有区别的利责原则以及利益相关者相互监督原则这3个方面。

1. 公众受益性原则

公众受益（Public Beneficence）是指利益分配取向上应积极促进公众的利益和福祉，这也是柏拉图认为的公众的善（Public Good）。在满足公众利益的基础上，其他一切才具有合法性。在转基因作物产业化公共决策语境下，公众受益性应当是保证公众的健康及其生活的环境安全。在此基础上，追求转基因作物及食品的产量、贸易、营养、实惠等利益，这是在利益层面指向"应当"的伦理模态。

转基因作物产业化不应只考虑纯商业利润，而应保持一种审慎的警觉，即对于其潜在风险应实行负责任的管理。如果只以技术红利为价值偏好，那么这里所暗含的价值和逻辑应是"发展比安全"重要。正是在这种价值取向和逻辑思维的影响下，才导致了本书中所述的利益层面的困境。如果我们仍不尊重公众的意愿和利益，还可能引发更大的灾难：一是对转基因作物产业化的风险进行忽略，久而久之，就可能陷入控制不了、弥补不了、完全不可逆的"人为性困境"。二是公众对于公共部门的权威和信任流失。这种累积的非信任情绪将动摇公共机构合法性的根基。三是公众将感知的风险扩大，对转基因作物技术的相关原理、安全检测等科学知识统统拒绝接受，致使真理同我们渐行渐远。而唯有对这些所谓的"显性"的纯粹利润价值取向进行约束，才能将共同、平等、公平这些"隐性"的价值取向形成整个社会的"益品"，也才能真正通往文明状态（Civil State）。

2. 共同而有区别的利责原则

对于转基因作物产业化发展来说，其本义是促进整个社会的利益，这说明技术红利对于各群体而言应是共同获得的，是一种共有的利益（Common Interests），具有共同享有的受益性。这与贤哲洛克所提倡的人生而平等，都有自然赋予的权利去获得属于自己的那部分利益的公正观点是一致的。但基于转基因作物产业化对各群体所具有的影响以及各群体受影响的效果不同，由此，利益的共同享有也应有所不同。尤其是上文所提及的公众，他们是转基因作物产业化影响最大的受众，而其自身影响决策的能力又较为有限，因此更应对其利益进行保障。这体现的不仅是平等，更是真正意义上的公正。

同时，转基因作物技术层面存在不确定性，尤其是进行大规模应用或可引发整个社会层面的风险，因此，除了明确共同享有的技术红利，还应明确共同承担的责任。而在具体的责任层面，还应当明确该技术的研发检测及生产销售环节的专家、生物技术公司、生产者、销售者等相关群体应承担起"谁生产谁负责"的义务，因为他们是转基因作物技术的"掌舵者"，是该食品安全的把控者。总的来说，共同而有区别的利责原则的实质指向的是"得其应得"，这样才是真正意义上的利益分配公正，才能促进整个"社会的善"。

由此，共同而有区别的利益与责任既是消解唯工具理性的价值规范，又是超越"囚徒困境"式利益博弈和"零和博弈"逐利思维的路径，一方面可实现尽可能规避相关风险，另一方面又可能使各群体达成各自较为满意的共识。

3. 利益相关者相互监督原则

转基因作物产业化公共决策语境下的利益相关者互相监督是指相关利益群体按一定的规范运行包括议题、目标、方案商议、利益分配、风险承担等在内的各个环节并进行相互、共同监察的行为。利益相关者相互监督的作用可大致归纳为 3 个层面：一是可约束人性中"恶"的一面；二是从公共的角度来说，共同监督可保证公共利益的落实；三是可达到一定的行为规范效果。利益相关者互相监督类似于"分蛋糕"（Pie Distribution）行为：想要蛋糕分匀、大小一致，就应让切蛋糕的人当众切并最后拿。这其实是将各群体对转基因作物产业化公共决策的影响力以及所获得的利益限制在一定的界域内。

具体操作层面，各利益相关者互相监督还应建立相应的规范：一是不仅要明确谁是相关利益者，更应明确各相关利益体的构成比例、代表选取等细节，以避免虚假监督。尤其是转基因作物产业化下利益密切相关的普通公众的代表（例如种植户）更应明确相关监督规范。二是对于共同监督的内容应进行切实的意愿（Will）性表达。唯有意愿性的表达才能理解和协调各群体的诉求并监督利益获得的合理性等内容。三是如何构建监督的渠道及回应机制。

共同监督在其意涵上内括了"集体行动"的精神实质。而当下的互联网技术完全可以实现这种多层级的监督和回应的平台建构。这一平台可实现各群体的个体信息、利益需求、在线即时回复等功能。这在实践中为利益相关者进行互相、共同监督提供了切实的技术支撑。这样的监督，才可超越"自然劣根性"以实现社会的自决、均衡、和谐。

（三）程序民主原则

政治学意义上的程序民主与实质民主相对应实质民主侧重于强调政治结果的民主性，而程序民主则认为民主体现在过程中，尤其是个人的权利在参与中才能得以落实[①]。由此，程序民主的价值是保障人民主权、自由及维护社会秩序。同时，以民主作为核心要素可更好设置相关程序。反之，相关程序也可以更好规范落实民主价值。更为重要的是，这种价值不仅囊括了正义性，更直指人民权利的保障性，这为公众自由、平等参与立下了更为具体的目标和原则。

程序民主在实践中不断完善了政治信息公开制度、推进了参与渠道和表达途径的建设，在促进民主商讨、监督政府权力、丰富公共决策方案等层面均发挥了重要作用。尤其是倡导"人民当家作主"理念，这将在整个社会形成一种"有序商讨"的民主规范，亦意味着政府相关公共决策活动应有相应的一套次序、步骤、安排，而恰恰是这样的程序才形成了公众民主商讨、互动的纽带。

本书聚焦于转基因作物产业化公共决策，是由于该技术不仅关涉人体健康及生存环境层面的问题，还负载着科技主权、农贸发展等政治经济层面等问题，而且该技术本身还具有不确定性，一直备受讨论。尤其是在技术红利的诱导下，通常对技术应用采取的是大规模推广的手段。正如奈斯比特指出，在技术革新处于第一阶段时，技术选择阻力最小的途径前进[②]，而这恰恰关涉

---

① 韩强:《程序民主论》，群众出版社 2002 年版，第 32 页。

② 〔美〕约翰·奈斯比特著，梅艳译:《大趋势》，外文出版社 1996 年版，第 46 页。

决策是否合程序、是否可以保证公众能够广泛参与商讨、是否只有合法合理民主性的问题。

基于此，转基因作物产业化公共决策更应秉持程序民主原则以保障人权、公众知情商讨、规范不当利益追求、约束公共权力、丰富方案等更具有实践性、人民性、参与性的价值。这更促使我们对程序民主原则进行深入探讨以尽可能落实公共决策民主性的价值。

公众的接受度是影响转基因技术产业化发展的重要因素。同时，结合该技术的特性来看，程序民主应从信息公开性、对风险性的重视与规避、各群体的民主商讨这三个主要方面入手。这三个方面主要体现的是民主的自由性、民主的保护性以及民主的合法与多元性。由此，也可看出民主具有价值上的复合性，但其本质上都是以人文关怀为价值导向的。下面我们将对此一一进行分析。

一是相关信息的公开性。转基因作物技术在检测层面虽然还没有完全有害或安全的定论，但我们应当将其相关科技原理、实验报告里的做法、数据、结论告知公众。同时，对于技术操作及检测应大力推进研究以进一步明确其是否安全的结论。这些都是在程序源头层面去落实民主的具体内容。从转基因技术应用角度看，正如海德格尔所言，技术的座驾性质在一定程度上其实操纵了良知、善性、德性等价值精神，而这正是我们需要程序民主的原因。相关信息的公开告知则是将公共决策与各群体连接、传递的第一个步骤。信息公开是决策与各群体进行交互式的公共生活的渠道，是获得发展、幸福等追求的基础。反之，如果在安全性不明的情况下进行大规模应用，这其实是将人类视为了"手段"，而非"目的"，是违背是非曲直的恶。正因为如此，我们要实现信息公开以保证各群体的知情权免受侵害。信息公开可以引导我们的行为，甚至可以在面临争议局面时对彼此的价值信念、行为进行发言，这是程序伦理的落实路径。

二是对风险性的重视与规避。按照公共决策目标以及伦理效用的逻辑，有部分学者认为，如果转基因作物技术应用所带来的效用远大于风险，则在一定程度上可以得到部分辩护。然而，这个逻辑只是考虑了效用这一单一的目标，而未将其风险性予以重视，是一种急功近利的工具理性思维。我们应当意识到这种风险或存在潜在累积的过程，一旦爆发，还可能产生联动式的"蝴蝶效应"，而整个人类社会抗风险的能力在面对这种"蝴蝶效应"所带来的结果时可能会暴露出其无力补救的脆弱性。由此，我们应重视可能存在的风险并应将人体健康放在诸如经济利益等目标之前。同时，我们还应对该技术应用的具体方案、路径进行更细致的探讨以力求规避其风险性。例如，明确何种品系的转基因作物可先试点商业化应用，其用途可先从非食用性入手。同时，在种植、生产、销售这一链条中应进行全过程的追踪、检测，以尽可能达到"解困"目的。

三是各群体的民主商讨。公共决策本身就蕴含着公共属性和共同属性，这是其在价值层面的本质特性，意味着需要多元的商讨以实现其民主性。同时，转基因作物技术应用的本意缘由是出于对农业科技主权及粮食安全考虑，这也意味着在宏观层面着眼的应是促进整体的公共利益。这一点充分证明了公共决策应纳入各群体进行民主商讨的伦理意蕴。正是这种民主商讨阐释了人之为人在"社会公共空间"存在的意义，也正是因为这种商讨才能对公共利益形成最终的信仰追求。具体来看，程序民主原则还应从如下方面进行确立：

1. 公共性原则

贤哲柏拉图认为，正义的生活应当是城邦能树立公共的原则，并应遵从这一原则。转基因作物产业化语境下的公共性意涵是指这一技术应用影响所波及的层面形成的公共空间将整个人类社会都囊括在此，而这一公共性原则应遵从真、遵从善、遵从共同、遵从共享的精神。真是指转基因作物技术应切实通过完善的科学原理和实验以保证公共的安全性。善是指该技术应用的目的应是提升农业发展促进整个人类的福祉，而不是单向度的经济利润目标。共同性是指面对应用方案、路线的商讨应共同参与、达成共识。共享性则是指技术预期带来的红利应是各群体共享，而不是单单某部分群体获得。这种公共性原则突出了该决策的"公共事务性""以人为中心"以及"共同普遍性"的民主性伦理规范。

2. 审议原则

审议原则在一定程度上可认为是实现程序民主性的核心，因为这是公共决策得以推进、证成的有力步骤。尤其是转基因作物产业化公共决策更应通过各群体的审议来减少其非理性。审议原则意味着转基因作物技术以及相关信息（诸如经过何种流程审批、审查主体的构成性等信息）对于各群体而言是平等知悉的，意味着各群体对方案的探讨是公开而不是被隐蔽、压制的，还意味着对各群体意愿、福利的调整和对不同方案进行权衡，力求在结果上实现科学性、民主性。

3. 同意原则

同意所体现的民主性在于人们拥有自愿、自决的权利。对于公共决策的达成来说，这绝非偶然，而是经过各种事实与价值理性判断后所形成的方案。学者霍布斯认为，公共决策更应是通过公共的理由、公共的同意来形成良好的公共生活①，这正是民主性的体现。转基因作物产业化公共决策语境下，同意原则的实质主要在于以下三方面：一是转基因作物技术经过检测，能保证公共的生存条件（如对人体健康、土壤环境的安全）不受损毁，这是其基础前提；二是转基因作物产业化公共决策的达成，着实是综合了大家的意志而形成，这是民主、同意的关键；三是在转基因作物产业化公共决策相关群体影响力具有分殊性的情况下，规范了强势群体对弱势群体利益妨碍的行为，即照顾到了弱势群体的利益。第一点体现的是安全性这一根本，这是达成同意、民主的前提。第二点则在大家共同参与、商讨、知情的层面体现了意愿的民主性。第三点则在前面二者的基础上摒弃了自利而在自律、节制、良知并促进利他精神等这些真正的道德内核层面实现了民主性。由此，同意原则的落实意味着转基因作物产业化公共决策民主性的践行。这是以一种满足道德的、形成政治性自愿的方式来获得的民主性。

总之，转基因作物产业化公共决策伦理价值取向原则的确立是道德理性形成良性公共运用（The Public Use of Reason）的前提，而这种伦理良性的公

---

① 〔英〕霍布斯著，黎思复、黎廷弼译：《利维坦》，商务印书馆 1985 年版，第 59 页。

共运用又正是公共决策规范践行的保障。针对转基因作物产业化技术层面、利益层面、程序层面所确立的诚信原则、公正原则、民主原则这三个主要方面的原则恰恰又要求该公共决策应遵循这些伦理安排以获得技术的科学安全性、利益的共享公正性、程序的民主合法性，进而形成共识。

二、转基因作物产业化的现实政策价值取向审视

上文主要是对转基因作物产业化在"软性"的价值层面进行的探讨，这也是行政主体做出公共决策所必须考虑的伦理因素。接下来将通过对当下实践运行的"硬性"的政策层面进行分析以进一步审视该公共决策实践的价值取向情况。

经过众多文献的考察，我们发现，转基因作物产业化的现实政策内容主要集中在安全审批、监管层面上，这一方面可以消除公众对转基因带来的食品安全和环境安全的担忧，另一方面能够为转基因作物产业化未来的进一步发展起到一定的引导、规范作用。然而，大部分的文献只是选取法律方面、制度方面这样较为单一的角度去探讨。本书则主要是按照"政策具有的意涵及管理——思想依据是什么——反映何种决策思维和价值"的逻辑来审视目前存在的转基因作物产业化的相关政策及态度，这样能抽丝剥茧以更好挖掘当下公共决策价值层面存在的问题进而做出调整。

（一）积极促进型的政策取向

1. 积极促进型政策取向的意涵及管理

积极促进型政策取向的实质意涵表现为对转基因作物技术应用的鼓励并期望获得技术红利。该政策取向认为：当前的科学检测中未发现转基因技术存在的风险，而且在种植过程中，也未发生安全性事件，那么就可对其进行

商业化应用。积极促进型的政策取向对转基因作物的审批在于对最终产品的安全评估，即审批许可制度只针对转基因的作物及其相关产品，而并不控制生产过程。这样可以适度减少产品进出口和环境释放的限制，有利于技术更好的转化，并最大化让消费市场接受转基因作物产品。而在管理层面上，我们则可以从主管部门、审批内容这两个主要方面进行分析。

一是从管理部门来看，以农业、环保及食药安全这三个部门为主。经过对文献的梳理，我们发现，持积极促进型政策取向的国家认为：转基因作物技术主要应用于农业领域，产品以食物饲料药物为主，同时，该项技术需要检测种植对生态环境释放等情况。因此，对于转基因作物及产品的主管部门来说，不论是哪一国，基本都是围绕农业、环保及食药安全这三个部门为主。持积极促进型政策取向的国家没有设立更多的部门或相关办公室对转基因作物及产品进行监管的缘由在于，其认为目前农业、环保以及食药安全部门已经完全覆盖了转基因作物技术应用的范围（例如，食品、药品、疫苗、饲料等范围都已囊括）。同时，对于这些应用产品的管理也有相关实践经验，无需另设专门的部门进行差别对待。这在一定程度上避免了另设机构可能出现的不协调及推诿的现象，也规避了新设立部门带来高行政成本需要纳税人买单进而可能造成转基因作物技术更不受"待见"的情绪。

二是从审批内容来看，多是以风险评估为重点。积极促进型的政策取向对转基因作物的审批主要集中在风险评估上。各国的风险评估虽有所不同，但主要在基因修饰的方法、传统食物中不同的作物组分、微生物来源食品原料的安全评价、单个化学体的安全评价、食物整体的安全评价等层面进行评估和审批[1]。具体操作上则是将转基因作物及其产品与传统作物和常规产品进行相似认定。这种操作的原理依据在于——细胞生物学方法修饰的生物在种植与生长过程中与传统生物的种植和生长适用相同的物理学和生物学规律[2]。由此，这样较为宽松的审批方式可最大限度地促进新技术的发展应用，体现了减少政府干预和鼓励行业自律的理念，并将转基因作物技术的商业化视为

---

① Sheingate H I. The Evolution of Biotechnology Policy [J]. *Political Science*,2006,36(2):243-268.

② Emily Marden. *Risk and Regulation*[M].B.C.L.Rev:2003,733.

国际经济竞争的战略。

2. 积极促进型政策取向的思想依据

从上述内容可以看出，积极促进型政策对转基因作物产业化在态度取向上是认可的，即尽可能接受科技创新以促进社会发展。这种政策取向在审批方面表现出相信科学，如评估未发现风险即视为安全。同时，这种政策取向将公众对健康、环境、社会等层面的担忧一并归结为感知和价值上接受的问题。

具体来看，这种政策取向源于以下两方面的思路：一方面，尊重主管部门对技术应用审批方面的角色和作用，主张建立以简而精为基础的全覆盖式的监管机制；另一方面，相信科学具有判定潜在风险的能力，科学的评估和检测可以探测生物技术对食品和环境的影响，而不是基于主观感知风险做判定。

此外，这种思想还认为：市场流通的是转基因作物产品，而公众购买的也是产品，因此对风险的控制应关注在产品而非寄托在方法中。同时，与传统作物和常规产品进行相似认定未发现异常即可应用的政策思维在一定程度上提升了行政效率。一方面，如上文所述，未发现风险的无转基因技术与产品适用于传统作物的相关审批制度；另一方面，新设立的法规有可能会存在新一轮利益集团的游说过程，并造成延误而不能对转基因作物技术进行及时管理。对其最合理的态度应该是：既采取相信科学主义的方式，通过检测与数据比对无问题，就应让其发展，又采取推行产品主义的方式，认为无异常问题即可推广转基因作物产品，否则会让社会失去受益于转基因作物技术的机会。

3. 积极促进型政策取向存在的问题

尽管积极促进型政策一直强调转基因作物技术有科学评估和行政主体审批作为支撑，但这种政策取向依然存在一定问题：一是转基因作物技术的安全性尚无确切定论。尽管目前有大量实验指向于未发现其存在毒害性，但也有专家明确表示该项技术的风险具有潜伏性或致实验结果的不准确性，也没有可以量化的数据和基线做参考。二是行政主管部门、科学家、利益集团对转基因作物技术的推广可能存在逐利等道德层面的问题，即可能出于私利的考量而积极促进转基因作物及其产品。三是公众感知风险的能力虽容易受主观因素影响，但这种感知是建立在对客观事物认知和累积的经验上而不是毫无依据的质疑。因此，主管部门更应与公众对话以解决其疑虑。

因此，积极促进型的政策态度存在着一定的不合理性：其一是以科学主义至上，沉浸于唯科技主义的思想中。我们确实应该相信科学，但过度盲从则会导致认知层面的不理性。有观点认为，一方面科技探索自然世界应当值得肯定，而且不管何种条件下，科技相对于其他认知思维而言更具科学性和深刻性；另一方面，即使出现某些科技负面效应，还可以用更新的科技发展来进行解决。这种论调的实质是丧失对客观世界、自然规律的敬畏感，不承认科技存在的负面效应，甚至是掩盖道德层面不诚信的说辞。其二是唯技术红利的价值取向。如果转基因作物技术确实能带来减少农药、增产等效用，这样的技术红利确实是大家所期望的。然而，如果这些技术红利异化为科技专家的名利、行政部门的寻租、利益集团的暴利，那就是非科学非规范下的逐利行为，不能得到伦理辩护。更为重要的是，这将导致利益与风险分配的不公正性。尤其是对于广大公众来说，他们不仅不能享受到该项技术所带来的福利，反而是技术风险的承担者，这不符合公共决策伦理精神。而其三是忽视与公众对话，将公众的疑虑担忧视为对科学知识缺乏的表现。公共决策最重要的一环就是公开和进行民主商讨，这是尊重公众参与、保证程序民主的体现。尤其是在转基因作物技术仍存在不确定性的情况下，公众渴望了解技术原理、测评审批过程，甚至是转基因产品成分的相关标识，这样才能让公众心中有数，有知情选择权。民主商讨不仅是公共决策伦理的保障，还是转基因技术在市场推广得以为公众所接受的重要一环。

（二）防御禁止型的政策取向

1. 防御禁止型政策取向的意涵及管理

防御禁止型政策取向的意涵表现为：在没有证据可证实转基因作物无风

险也没有证据可证实其安全的情况下，应禁止该技术的应用。这是基于防御的态度拒绝转基因作物的种植和进入市场。

对转基因作物及其产品采取防御禁止型的政策管理的主管部门基本也是以农业、环保、食药安全这三个部门为主，但其相关管理制度非常严格。由于其对转基因作物技术的安全性表示怀疑，在态度上并不支持使用该技术，因此从总体上说，其表现得较为排斥转基因作物的进口和商业种植。其复杂的审批程序主要以管理转基因产品的全过程为基础，具体在操作上则以过程管理、市场准入风险评估、强制标签等监管方式为主。

在过程管理层面，所谓过程管理是指对转基因作物技术研发、产品试制、环境释放和商业应用的生产全过程都进行监管，甚至还对其应用到饲料行业等市场领域进行监管①。因为健康的饲料是保证动物健康的重要一环，而健康的动物又是影响人类肉奶等食品安全的重要因素。这样的过程管理确实较严格，这将有助于提高监管的有效性。

在市场准入风险评估层面，其评估情况的执行和落实，毫无疑问是评估结果决策的关键。这一管理制度明确规定：凡是涉及转基因作物的材料都要申报并进行环境释放风险评估。而对人类健康的风险评估，公众都会收到申报总结以及相关评估信息。这些信息必须包括：转基因食品和饲料投放市场的范围和相关材料检测、取样、辨识的方法及样本控制等内容。这反映了防御禁止型的政策取向的严谨和审慎。

在强制标签层面，其本身是为转基因作物进入市场前进一步保障公众利益而设立的。强制标签制度对转基因相关产品的划分十分细致，总体对 8 类产品进行标识：一是转基因植物、种子和食品；二是通过转基因作物生产出的食品；三是通过转基因作物生产出的食品添加剂、调味品；四是转基因饲料；五是通过转基因作物生产出的饲料；六是通过转基因作物生产出的饲料添加剂；七是转基因饲料喂养的动物生产的产品；八是在转基因酶的辅助下生产的产品。这样以便消费者可以在转基因和非转基因食品之间自行进行挑

---

① KunreutherH.Science, Value and Risk[J].*Political and Social Science*,1996(5):116-125.

选，甚至使农民也拥有了对转基因种子和非转基因种子选择的权利。此外，强制标识还规定对偶然混入或是技术上难以避免而转入的基因的转基因产品也需要贴标签，除非其含量在0.9%以下①。一旦发现未经批准的转基因产品则采取零容忍态度，对此种产品进行全面禁止入市措施。这样的标签制度能够让零售商和食品制造商严格遵守，从而为市场运行减少了社会交易成本。

可见，防御禁止型的政策取向对转基因作物及产品的监管确实较为较严苛。这种政策态度认为：一旦存在风险而且是不确定的风险时，就应予于禁止，并对可能出现的偏差和错误进行防御。

2. 防御禁止型政策取向的思想依据

这种政策的推行，主要基于以下三点思想：一是强调应重视科技水平的局限性问题。科学值得探究，但科学原理转化为科技时会存在很多"未知角落"。这不仅会制约技术本该发挥的功能，甚至会干扰决策造成风险。因此，有必要重新检视科学检测的数据结果以预防转基因技术的复杂性和不稳定性。二是认为针对模糊不明的科学论断就应采取防御式的监管，这是将风险视为客观存在的观点。三是主张公众的意见应在监管决策中占有重要地位并尊重他们的心理安全需求。技术是人工的产物，而技术应用则是公共政策的产物，由此，转基因技术的推广不能和公众这一主体相分离，而这恰恰是客观评估技术风险而不让公众承担风险以保证公正性的关键所在。

总体而言，防御禁止型政策的态度体现为一种审慎、尊重民意的价值取向：一方面，它较为客观地看待科技的科学性、规范性；另一方面，它能不迷失于技术工具理性中。此外，它还能衡量技术应用是否符合公众的期望，尤其是转基因这种具有强大力量的技术是否应用于高尚的目的。由此，这种政策态度的价值取向在认知层面表现得较为理性，在利益层面也并未以唯经济价值为目的导向，并重视公众的知情选择权。

---

① Miller H. I. Food Produced with New Biotechnology[J].*Journal of Public Policy & Marketing*, 1995,36(2):243-268.

3. 防御禁止型政策取向存在的问题

防御禁止型政策取向模式有其自身的考虑。然而，如此严格的审批模式也会存在一系列的问题：容易失去抓住转基因作物技术发展的先机，以至于在农产品贸易的竞争中处于不利地位。

客观来说，这样的政策态度存在一半合理性也存在一半不合理性。其合理性体现在：一方面，较为客观地承认科学是不断逼近规律和真相的过程，这意味着科学的正确性、可靠性具有一定的时空条件性；另一方面，能够尊重公众的意见不仅是民主的表现，同时也将公众纳入"扩大的科学共同体"中，尊重外行的经验知识以丰富公共决策方案。而防御禁止政策的不合理性则体现在：对风险不明就里，便"如临大敌"地进行一刀切的全面防御，甚至采取禁止的政策态度。这样有过犹不及之嫌。客观来说，这不利于转基因作物技术的进一步研发，也没有给予其进一步发展的空间，甚至完全拒绝了其可能带来的农业革新、稳定增产、环境保护等层面的积极效用。由此，对于转基因作物技术的发展，一是要考虑"人"，二是要考虑可持续发展，三是给予技术适度合理的空间。

（三）预警推进型的政策取向

1. 预警推进型政策取向的意涵及管理

预警推进型的政策取向认为，当下的相关科学原则对转基因作物风险的检测判定还是较为可靠的，没有发现风险就可先尝试推进转基因作物产业化，但应建立起预警式的严格的审批程序和审批依据。

这种政策取向一方面意识到了转基因作物技术在生物技术、农业技术领域的重要性，主张应尽力把握机遇；另一方面承认了该技术的复杂性，尤其是在分子操作上用不同的遗传物质引入另一个生物体内，让其进行遗传表达，这已完全突破了自然的屏障，可以进行跨物种的基因转移。由此，对于转基因作物技术的审批应建立预警式的依据和程序。预警推进型政策的主管部门依然与上述两种政策的主管部门大致相同，即环保、农业、食安检测这三个主要部门。

这种政策态度对转基因作物技术特殊性风险的检测主要是以环境释放监管、生产性试验的监管以及产业化种植监管三个方面为依据。在这三个层面的监管中，预警推进型政策又以抽查、监督以及全过程的复查等方式来时刻保持其预警性和防御性。

第一，对环境释放的监管。环境释放是指自然条件下进行的中等规模的试验，其往往以田间试验为主。环境释放监管的一般流程是：试验单位向环保部门提交申请，环保部门则审核其材料的真实性、齐全性，在此基础上，对这些材料进行讨论和投票以作出批准或否决的决议。此外，环境释放的监测频率为每年两次至三次，监测人员不予以提前通知，而是直接检查。在监测过程中，检测员若发现试验单位严重违反生物安全控制规定，可以责令其立即停止试验行为，在紧急情况下还可以即刻销毁转基因作物材料。在环境释放田间试验最终完成后，还应提交完整的总结报告。

第二，对生产性试验的监管。这是田间试验后的下一个步骤，一般指生产和应用前进行的较大规模的试验。生产性试验主要关涉转基因作物及食品安全评价。在这一试验过程中，申请人可以不必采取隔离措施或受其他限制性条件（如种植规模等）的约束，只须明确圈定播种的地点、收获期以及残留部分的处置方法等信息并时刻接受监督。

第三，对产业化种植的监管。产业化种植监管更多针对的是转基因相关产品是否符合市场要求。上述两个步骤主要是上市前的实验检测，而真正要进行产业化种植时，还需进一步对其产品进行审查，并在其进入市场流通时进行抽查。转基因作物食品及其他产品都应符合所有适用进入市场的标准，而生产厂商则应负责确保其生产的转基因作物食品及相关产品的安全并且符合条例管理要求，否则就会被追责[①]。至此，预警推进型政策基本完成了上市前后有关转基因作物在环境及食品安全层面的审批和监管。

---

① 周锦培、刘旭霞：《转基因作物产业化的监管体系评析》，《岭南学刊》2010 年第 6 期。

2. 预警推进型政策取向的思想依据

预警推进型政策取向主要基于以下思想：一是重视科技的发展和其应用的效率性。这种政策取向认为：科技也应有其自身的适当发展空间，这样才能促使转基因技术持续、稳定的进行研发。这其实是一种承认科技具有一定的自由性和效益性的价值取向。二是相信科学具有可靠性。预警推进政策之所以能将转基因作物技术进行推广，是其认为现有科学水平的相关检测能判定该技术的安全性。这种思想在一定程度上体现的是科学实证主义和科学可靠主义，即认为科学实验的结果证明该项技术未发现风险，就应相信科学的可靠性进而可推广该项技术。三是主管部门所构建的相关审批监管制度能够应对转基因作物技术产业化发展过程中可能出现的问题。这体现的是公共管理理论"守夜人"的思想，即认为行政主体与其所构建的相关管理制度不在于"多管"而在于把握重点"管好"。在转基因作物产业化语境下，它是指相关制度能够起到预警及重点防御的作用。这体现了一种较为弹性、灵活、自由的行政管理方式。

3. 预警推进型政策态度存在的问题

尽管预警推进型政策意识到转基因作物技术存在着一定的特殊性，需要建立相关防御制度，但该政策依然存在一些不够严谨的问题：一是该政策认为应运用可靠科学的原则来判定转基因作物技术的风险，即经标准化的检测没有发现风险就无需进行更多的检测。然而，这没有考虑到联级性的、累积性的风险。例如，转基因作物具有活性，随着时间的推移，它能够在生态环境中定居、建群和繁衍，这就致使其对生态系统的影响能不断地积累，即前一次影响可能会引发一系列的反应，而后者又将对前者产生联级相互反应[①]。这种不确定性仅靠当下的科学实证或许无法检测出来而导致该风险性被忽略。二是该政策意识到了转基因作物技术对生物、农业领域会产生重大影响且应予以把握，但在推进过程中与公众互动商讨并不突出，存在着是否尊重公众意愿的问题。三是行政主体除了当好管重点的"守夜人"，还应承担监管"不能

① 肖显静、陆群峰：《国家农业转基因生物安全政策分析》，《公共管理学报》2008 年第 1 期。

对自己负责"的社会群体的责任。在转基因作物产业化语境下，"不能对自己负责"的社会群体有两类：一类是带有私利忽视风险而推进转基因技术发展的群体，另一类是处于弱势而无法自我表达意愿的那部分群体。对于前者来说，行政主体应进行严控；对于后者则应给予更多的政策保护。这样，"守夜人"角色才能更好尽职。总的来说，预警推进型的政策态度较之于积极推进、防御禁止这两种政策态度而言，其对转基因作物产业化还是处于较为审慎的推进状态。

三、转基因作物产业化公共决策伦理价值取向的调整

关于转基因作物产业化的态度、政策以及相应的审批监管研究已成为一个大家都共同关注的核心议题。这不仅体现着后常规科学时代下对于复杂的转基因作物技术研发和应用管理的顶层设计能力，也是应对高精技术在实践过程中所伴生的社会风险的现实需求。

基于上述伦理原则的确立以及当前主要政策所体现的思想和取向，我们认为，对于目前转基因作物产业化公共决策伦理价值取向还应继续从深化理性认知、加强多元沟通、注重公众的接纳度上进行推进。在具体层面的价值调整上，则应在认知诚信、利益公正以及程序民主的价值框架下，从以下三个方面着手：一是对于转基因作物产业化公共决策应理性认知并审慎推进；二是对于转基因作物产业化公共决策的各相关利益体应多元沟通并积极协调；三是对于受转基因作物产业化影响最大的普通公众应将公共决策的权力交还给公众并注重其接纳度。下面我们将对此展开具体分析。

（一）理性认知与审慎推进

在实验研发阶段时，公众似乎对转基因作物技术并没有太大疑义，但当

转基因作物技术逐渐引入实践应用阶段时，则引发了诸多的社会问题，这关涉人们是否真正认知了解该项技术的优劣，是否决定发展能达到预期目标、该如何发展以遵循公共的满意。这同样需要对转基因作物产业化进行更加理性的认知并审慎推进。

理性认知是指能正确认知转基因作物技术的原理以及可能存在的风险点。而对于转基因作物产业化能够达到的效用也应考量其是否存在不能实现技术红利的问题。对于转基因作物产业化的期望是能够达到提升粮食产量、减少农药使用，增加作物抗虫耐旱等目标。然而，在此过程中则又负载了追逐转基因种子利润、追逐转基因农产品在国际贸易中的优惠、转基因作物技术专利等利益目标。由此，转基因作物技术将给人类带来越来越多的利益和期待，这就导致了公众对对转基因作物技术产业化发展的态度很可能趋于非理性。由于转基因作物技术中的某一个"关键基因"的失控就可能使得整个人类面临一场毁灭性的灾难，因此对于转基因作物产业化的目标理念上，我们应努力克服人性中的贪婪，不以技术为中心，而是尊重自然、尊重人性对安全的诉求，真正做到以人为本。

在审慎推进层面，我们不能一直陷入对转基因作物技术有害或无害的循环式争论，而应在技术推进层面进行细化：在基因插入的精准度、融合度上进行优化；在安全检测方法上，不再只比对成分，而是从种植到产品的形成进行全过程监测；如果万一发现有潜在风险，补救措施上还应准备设置田间屏障与其他作物或生物隔离；替代技术上还应考虑其他育种技术、或者是采用有机农业生产模式等。该公共决策不仅要通过反复讨论，而且更需要通过反复实践，拿出具体的证据和报告，从根上去解决问题。此外，转基因作物产业化审慎推进的路径除了一直强调的人体健康、生态安全问题，还应考虑公众购买和消费等层面的心理、文化等因素影响。例如，即便能够证实转基因作物技术的安全性，但有些消费者基于其自身的信仰、文化等问题依然会购买传统作物食品，但这并不利于转基因作物及食品消费市场的经济安全。同时，这会导致技术研发者、种植户、生物技术公司以及生产经营者的利益落空。由此，转基因作物产业化应切实考虑到眼前利益、长远利益及综合利益，审慎推进。

（二）多元沟通与积极协调

对于转基因作物产业化公共决策来说，利益相关主体应形成伙伴式的共同体关系，而不是"我的利益——你的风险"，这恰恰需要各主体多元沟通、对利益分配进行积极协调，应在公共问题中找寻共同利益。但在具体实践中，我们还应正视转基因作物利益或交织了科技专家的功利性追求和生物技术公司等相关利益集团对技术应用的经济价值负荷以及权力精英对于科技主权等政治层面的利益需求以及公众的身体健康、环境安全的利益诉求。这些利益相关主体表现得较为强势，唯独公众的影响能力有限。

由此，多元沟通及积极利益协调活动需要展开，而公共机构应作为主导角色参与其中。因为公共机构是社会公共利益的维护者，其具有的公共特性是整个社会群体所赋有的。对于其所肩负的发展转基因作物技术以实现科技主权等政治利益诉求，公共机构应当从长远考虑，以形成责任自觉意识对各方利益进行协调。而对于利益的沟通、协调应有具体的途径：对于科技专家应进行研发评价层面的道德规范，对于生物技术公司等利益团体应明确其生产责任以对其不当利益行为约束；对于公众提出的健康安全诉求这些底线层面的利益需求则应优先尊重。具体来说有以下几个方面。

对于科技专家而言，其原本是社会理性和善性的群体代表，对于转基因作物产业化应提供科学的咨询意见，而不是将其自身的经济人特性的私利负载其中。尤其是转基因作物技术关涉人体健康，在一定程度上可以说科技专家所肩负的不仅是揭示客观规律的任务，其更是肩负了保证全人类安康的任务。同时，科技专家对于转基因作物技术所提出的意见会影响转基因作物产业化全过程。例如，何种品种何种用途的应用可达到何种预期目标。这些问题都贯穿于转基因作物产业化整个链条的发展中。由此，科技专家对转基因作物技术的认知忠诚等科研道德就更显得极为重要。

对于生物技术公司等相关利益团体而言，他们是构成转基因作物产业化的生产—销售完整链条的群体，他们关注的重点在于生产成本与销售利润。然而，基于科学技术在理论预设以及实践层面存在的相悖性，生物技术公司等相关利益群体在追求利益的同时，还应明确其应承担的风险和责任。尤其是应明确"谁生产——谁负责"的相关风险责任关系，这样才能建立起利益与责任的落实关系。

对于公众在人体健康、环境安全层面的诉求应当优先考虑，因为这是基本底线利益。如果连安全都不能保证，那么转基因作物产业化应用就不存在其意义了。尤其是要对转基因作物技术可能存在的风险以及目前研发、种植、检测的状况都应如实告知公众，不能有所隐瞒。这也是科技专家、公共机构以及生物技术公司等利益团体在应然层面的责任。

总之，不同职业、文化背景、阶层的群体对转基因作物产业化存在不同的利益期望，这是很正常的事情。但我们对于各方存在的利益应以积极的态度进行沟通和调节，尤其是转基因作物技术其内核关涉遗传生命科学，而且其不仅存在不确定性，更重要的是这种不确定性与人体安全、生态安全、伦理安全密切相关。因此，我们不仅要基于技术—利益的平等关系来进行考量，还应在考量中落实利益协调、利益尊重以及利益负责等伦理精神。

（三）公共决策权回归与公众接纳

转基因作物产业化公共决策的争论源于公众，同时，该公共决策的最终实现也取决于公众的接纳。不论是积极促进型的政策还是谨慎禁止型的政策，抑或是预警推进型的政策，公众都是其核心群体。目前对于这类问题的讨论都集中在这一主题上——如何与公众进行科技传播的互动，或者更具体指向公众如何享有真正的公共决策权以达成可接受的方案。对于这个主题的研究又可细分为公众参与、公众认知、公众对话等问题研究。

将公共决策的权力归还给公众，是突破转基因作物产业化僵局的需要。转基因作物产业化僵持的问题在于其安全性，而安全性问题所依赖的专家们这一科学共同体并不能解决不确定性风险问题：直到目前为止，部分科学研究并不知道有害事件发生的概率、范围和严重程度等精确的风险数据信息，便将转基因作物技术视作是安全的。但部分科学家仍能通过种种迹象认识到可能存在这样或那样的风险。这表明共同体内部也有意见分歧。对于这种复杂性技术，没有任何一种鉴别、分析和判断是绝对权威的，而知识争议和价值分歧更说明了对科技的评估不应该被简化成唯一的标准[①]。公众渴望了解这种在安全性上还存在模糊盲点且又会影响其切身利益的技术的发展情况，更渴望参与其中来解决问题。因此，将公共决策权力归还给公众不仅是民主层面或者说对其个体自由方面的保障，更是将公众不同的思维、视角、理解、经验再度整合的过程。这在一定程度上为转基因作物产业化公共决策提供了不同的途径，有助于打破僵持的状态。

任何一项公共决策都是各主体诉求及行为的反映和折射，而将公共决策权力归还给公众，一方面可监督、规范其他群体行为，另一方面还可提升公众的科学认知，而这两方面内容对公众能否最终接受转基因作物产业化决策起着关键的影响作用。由上文分析可知，从知识精英到经济团体再到行政机构，任何一方都不能压倒另一方的诉求而一意孤行地实施转基因作物产业化，尤其是当前已经出现了知识精英、利益团体被揭露出寻租政府的迹象。而将公共决策的权力归还给公众，可以形成一种监督、制衡各群体行为的社会公共权力，这将有助于落实一套行为规则，从而对转基因作物技术研发、种植、加工、贸易等环节的市场主体行为进行规范管制。

公众的科学认知一直是该主题中的焦点命题。我们也应正视到争议过程中存在着技术精英、媒体精英二者双重的话语压力，公众的科学知识获取只是单向度的强灌式的普及。因此，将公共决策的权利归还给公众，其实是满足公众知情、利益分配、风险应对等层面探讨的参与问题及话语权问题，进而在此基础上真正实现对转基因作物产业化的科学认知。只有这样，才能找准争议的具体点，才能综合出公众可接受的最佳意见。

总之，转基因作物产业化是关乎技术生存、应用思维、人性考量的公共决策，这恰恰需要运用本章第一节探讨的认知诚信原则、利益公正原则及程序民主原则去保障公共福祉。而在实践中，不管采用何种政策，其宗旨却是

[①] 马奔、李珍珍：《后常规科学下转基因技术决策与协商式公民参与》，《江海学刊》2015年第2期。

在于要能够应对转基因作物的特殊性风险，能较好捕捉到转基因作物的不确定性并规避这些风险。由此，面对一些不恰当的价值取向和价值层面的争议，需在上述原则指导下进行调整：转基因技术要理性认知审慎推进、利益分配应进行多元商讨积极协调、公共决策权力应交还给公众并尊重其接纳度。此外，在实践层面还需在具体方法和途径上继续探索，这是一个长期、反复的过程。同时，不论转基因技术如何发展，也不论其应用需求有多么迫切，对于其进行产业化始终应秉持公共伦理精神，以尊重人与自然和谐、可持续的发展。

第五章

转基因作物产业化公共决策伦理的践行

继前面对转基因作物产业化公共决策困境展开分析后，我们逐渐认识到：要努力消解这些困境，就必须考虑公共决策伦理践行的问题。首先，针对困境的认知问题、分配问题和程序问题，我们应当在公共决策理念层面确立诚信、公正、民主的伦理精神，这是公共决策伦理实现的基本前提。同时，又必须有一套规范和机制来进一步保障这些伦理价值的落实，从更具体的伦理审查、长效追踪、有效监督、失职处罚、媒体责任、交流沟通、利益协调及信任共建这8个方面入手，在操作实践层面通过对公众科普方式的优化（提升公众的科学认知以理性辨别真伪）、转基因作物商业化应用专项法规的落实（以法的强制力明确行政职责及公正性）、追踪溯源相关责任机构及规范媒体报道等方式（落实公开性、责任性及互动性以实现民主的伦理精神）来保障转基因作物产业化公共决策能够符合伦理、稳妥发展。

一、转基因作物产业化公共决策伦理理念的体现

　　公共决策伦理理念的确立，是指在道德、思想上对转基因作物产业化形成道德指导，进而在具体践行环节中能够遵循这种伦理精神。而本书第五章第一节所讨论的转基因作物产业化公共决策伦理价值取向原则的确立，则聚焦于公共决策应当依据的价值取向、价值规范的要素和准绳，它更注重规则化。由此，公共决策伦理理念指向的是对转基因作物产业化所蕴含道德问题

的根本看法，价值取向原则侧重于探讨转基因作物产业化所依据的标准、倾向，以调节决策活动。在此，应明确一下转基因作物产业化公共决策伦理理念的内容范围和区分。

由前面内容讨论可知，转基因作物产业化公共决策的争议主要集中在认知层面、利益层面及程序层面。在认知层面的具体讨论又表现为——专家学者是如何认知转基因作物技术原理的以及其所给出的相关知识、数据、报告是否真实可信这两个问题，同时，目前的检测技术、评价原则在多大程度上足以说明这项技术的安全性等问题。在利益层面则主要讨论了转基因作物产业化的应用，即到底谁获利、万一有风险谁来承担和这样的分配方式是否公正以及是否符合公共利益等问题。而程序层面的讨论则主要涉及是否符合程序、是否公开透明、是否保证了公众知情选择、民主商讨等方面的内容。由此，这三个方面的讨论分别对应了诚实可信、利益公正及程序民主的伦理精神。为此，我们应确立相关的理念，以实现转基因作物产业化公共决策伦理的践行。

（一）认知诚信理念的构筑

本书既然是聚焦于转基因作物专业化公共决策伦理争议的分析，就必然会关涉技术层面的认知问题。这些认知争议具体体现在：一是目前生物遗传科学知识能多大程度上做到对该技术原理的解释透彻以把握其技术层面的"关键点"来获得安全性；二是当下的实验方法、安全评估原则能在多大程度上检测到该技术或存在的风险情况；三是不论是否明确该技术存在风险的结论，是否应将这些不确定性完整、真实地向各群体公开告知以及是否应有一套预警、抵御、弥补的相关应对机制。而这些问题都指向了转基因作物技术在安全认知、风险防范等层面的"真实抵达"程度上。

所谓诚信，可分为诚和信两个意涵。诚与信都是伦理德性概念。对于诚的内涵，学术界认为其是真诚无妄的精神。而对信的内涵，学者们则集中在言行必有信的层面展开论述。由此，诚实可信强调的是真实、信任、不欺，守规履约等伦理精神。

　　本书的认知诚信是指对转基因作物产业化公共决策不仅应遵循科学认知的事实，更应按照诚实、可信的伦理价值推行该技术的产业化应用。同时，围绕该技术应用所展开的一系列公共决策的行为总和应取得公众的信服。

　　具体来看，认知诚信在转基因作物产业化公共决策层面主要关涉的相关主体是科技专家和公共机构，而生物技术公司、媒体等只是通过采取游说（Lobby）、传播的方式进行利益博弈。公众是受转基因作物产业化影响最大的群体，他们渴望了解真实的相关信息进而判断其是否可以接受。而对于科技专家、公共机构在转基因作物产业化语境下的认知诚信又主要涉及以下两方面问题：一是专家们能否秉持"不问政治和功利"的纯粹科学的诚信伦理精神，并如实提供客观中立的科学咨询；二是公共部门能否不因政治经济目标甚至是夹杂私利的目标而干涉科技应用，并将这项科技发展情况的实情全面告知公众以做出诚信的履职行为。

　　对于第一个层面的问题，客观来说，科学与公共决策二者的结合是必然而又复杂的，这是由社会建构性质所决定的。但我们还应正视的是，除了科学与公共政策之间存在深刻联系外，科学和专家这二者亦具有内在关联。同时，科学和专家还具有一定的独立性。正是这种可分的独立性要求专家们必须遵循科研道德，明确什么该做什么不该做，否则就可能会出现损害科学精神气质的负面结果。专家们参与决策的角色可以大致分为三种：第一种是纯粹的科学家（Pure Scientist）。他们不提供论断也不参与判断，只提供相关信息。第二种角色是科学的仲裁者（Science Arbiter）。他们回答各种问题，但并不提偏向。第三种是观点的辩护者（Issue Advocate）。他们通过提出理由说明某种选择为何优于其他选择从而试图主导方案。[①]我们一直强调科学应当中立，但在现实中，科学却往往与利益相连，不可能与现实完全分离。即便如此，第一种和第二种专家的角色仍是我们一直所倡导和追求的。专家应尽力避免将科学映射在自己的利益层面以保持其社会理性，尤其是涉及转基因作物技

---

① 参见李正风、尹雪慧：《科学家应该如何参与决策》，《科学与社会》2012 年第 1 期。

术安全层面的问题，专家们所提供的专业知识或者说科学证据是否真实以及对该技术的认知是否科学、完善等这些问题终究会落到对专家们诚信良知价值的考量上，这恰恰需要确立认知诚信理念。

对于第二个层面的问题，从某种程度来说，公共部门对科技活动的干涉是不可避免的。这一方面是由于公共部门对科技研发具有支持性，不论是在经费还是制度法规层面，都具有推动作用。同时，这也是科技得以发展、应用的缘由。另一方面，随着转基因作物技术国际浪潮的袭来，公共部门基于对科技主权、农贸利益的考虑，必然会倾向于该技术的研发和应用。这其实是"政治人"角色凸显下的行政行为。"政治人"的理念源于先贤亚里士多德的观点——人是天生的政治性动物，趋于城邦生活。而西方公共管理学界基于亚里士多德政治性的理念则提出了"政治人"的人性假设观点。公共机构的"政治人"特性表现为追求政治目标，并将这种欲望渗透到管理社会性事务的过程中。同时，"政治人"特性期望将这种管理、影响的权力最大化。但在此过程中，其政治欲望具有复杂性，很难分清这种政治追求是基于正当的政治管理还是夹杂着私人的欲望。

由此，认知诚信理念应从科技专家、公共机构两个角度同时入手构筑。对于科技专家应实现"负责任的研究"（Responsible Research），这种负责任研究的内涵指向在于限制人性中不当的私利困境，避免风险而又能对相关研究、咨询担起责任。对于公共机构，则应建立"命运共同体"的精神。因为每个个体最终都处于城邦这一"共同体"中。即便是利益集团、公共机构等群体也处于同一生态、饮食情境中，其所面临的技术行为带来的真实性、可靠性、安全性影响是一样的。因此，明确命运共同体的问题有利于将最广泛的群体都纳入到参与过程中，而不是只满足某一群体的目标和诉求。

具体来看，"负责任的研究"是指科技专家针对转基因作物技术的不确定性与人类的生存性、与社会影响层面的脆弱性相交织的实际境遇，进而对其转基因作物技术的研究担负起责任。同时，科技专家应反思其对这项技术在研发、检测等层面的认知是否科学、是否完善、是否真实可信，而并不是因为出于"利益驱动"才对转基因作物技术原理与传统生物育种技术原理进行知识对等。科技专家应明确转基因作物技术的研发、检测应是出于促进人类福祉而不是侵害人类的健康和安全，更不是为满足个体利益的目的。这种责任精神要求科技专家对知识做出真实、理性的选择。尤其是对于可能存在的风险和对于可能影响人类长远利益的关键节点更应做出相关评估。最为重要的是，对于转基因作物技术的不确定性，科技专家应当承认其存在的知识不足的情况，而不是因为"利益"而对该项技术进行"漂白""沉默"。总之，认知诚信理念的落实要求科技专家端正其参与决策提供可靠知识的角色；认知诚信理念的落实要求科技专家应保持其科研的独立性、公开性，不负荷"私利"；认知诚信理念要求科技专家承认转基因作物技术存在的不确定性并与公众进行互动以形成知识互补；认知诚信理念还要求科技共同体进一步完善"无私利性"和"科研诚信"机制的建设。有鉴于此，科技专家应忠诚于科学信仰、自律于道德理性，同时，要对于在研发、检测、提供决策意见的每个环节都能明确相应的具体责任，这样才能在操作性上去落实认知诚信精神。

　　"命运共同体"意涵的实质不仅是对公共机构进行转基因作物产业化推广，以满足其政治诉求进行合法性、合理性考量的过程，更是对其是否将相关信息如实告知各群体，以尊重其他群体意愿（Will）并关切其他群体诉求的伦理精神的落实。"命运共同体"意味着各群体对于转基因作物产业化的复杂性境遇都不能独善其身，这在一定程度上意味着公共机构必须让各群体共同面对需要磋商的争议点、分歧点。但更为重要的是，还应保证其所公布的相关信息的真实性。如果公共机构为达到其政治诉求而公布失真的信息，这不仅是一种失信、欺诈行为，更是一种不合法的行为，公共机构的权威性也必将遭到质疑。而"命运共同体"对公共机构的政治诉求则能形成一定的"节制"作用：从内在看，认知诚信要求公共机构对公众应怀有善和尊重的动机，即不能将其政治欲望凌驾于公众的意志之上，这是诚信的内在之意。从外在看，公共机构应实践对公众忠诚的允诺，即唯有公布真实的信息才能反映社会成员对转基因作物产业化的共同意志，也才能实现共同的利益。

（二）利益公正理念的建构

利益在《辞海》中的解释指向的是最广泛的"好处和综合的社会关系需要"，即从内容上可分为物质利益、政治利益以及名望精神，甚至是安全诉求等层面的基本利益[①]。作为功利论观点的提出者，学者密尔对功利、效用等的见解在很大程度上指向的也是利益，并认为利益是值得欲求的[②]。马克思也认为，人的利益产生于其需求并形成复杂的行为关系，这是利益的本质[③]。由此，我们可以看出，利益除了能用货币衡量的那部分外，更包括了安全、需求、关系层面的内容。尤其是本书所聚焦的转基因作物技术应用带来的红利，关涉科技主权、农贸发展、种子链利润、生命生态安全诉求等层面，其对整个社会成员的利益分配都有影响，这也是该公共决策注重利益"公共性"和"公正性"的原因所在。

从转基因作物产业化的本质来看，其是指将转基因作物技术进行商业化应用以获得期望的技术红利。不可否认，技术指向的是效用和利益，同时，技术还是调整人与自然关系以及驱动社会结构演变的重要力量，甚至对社会运行秩序与人伦结构以及人们的行为取向和行动模式皆具有极其深刻的影响作用。客观来说，就技术本身而言，其确实存在重功能利用、物质利益的功利主义[④]。但我们还应看到，技术对社会运用秩序、人的价值取向同样具有影响，尤其在转基因作物技术上，除了技术红利那部分"硬性因素"外，其与人类安康、生活环境、公众的信任等"软性因素"更是密切相关。也就是说，利益具有社会性，而且基于社会群体的需求不同、社会影响能力的不同，利益也同样蕴含差异性甚至是分殊性。由此，这些问题都指向了利益分配的公正性，即利益分配的公正性不仅在于群体享有共同平等的利益，更在于利益分配正当，要照顾到弱势群体的利益获得。唯有树立公正的伦理精神，才能从根本安全性的利益需求入手，保证基础利益的落实，进而达成更高阶的利

---

① 参见《中国大百科全书》，中国大百科全书出版社 1982 年版，第 32 页。

② 参见高国希：《道德哲学》，复旦大学出版社 2005 年版，第 21 页。

③ 《马克思选集》第 1 卷，中国人民大学出版社 1995 年版，第 21 页。

④ 参见刘汉俊：《文化的颜色》，中国人民大学出版社 2013 年版，第 53 页。

益，以最终形成最广义的福利。这也正如英国学者庇古所言：唯有安全、公正等需求目标的满足才能促进整个社会的福利。同时，唯有树立公正的伦理精神，才能形成罗尔斯所说的"重叠共识"。而本书语境下的"重叠共识"，是指通过利益的比较与整合，尽可能形成共同利益。唯有树立公正的伦理精神，才能对多重利益进行合理取舍、妥协，以尊重公众的利益，这不仅是各主体利益表达、利益获取享有平等权利的表现，更是正义精神的体现。基于此，对于利益公正的理念，我们将从底线利益、"比较利益"以及利益妥协三个角度来展开分析。

首先，应坚持保有底线利益才可能实现利益公正。转基因作物产业化公共决策的底线应当是保证公众的健康及生态的安全。客观而言，我们应承认技术不等同于科学、真理。技术是科学活动的一部分，带有人类预期的目的性，它是按照相关科学定律运用而成的。然而，科学本身是特定条件下对自然无限逼近的规律描述，而技术仅仅是"借助"于部分科学定律经过演化而成，这种科学知识的有限性和演化过程的复杂性必然使得技术蕴含着一定的不确定性。因此，科技应用也应明确相应的底线要求。尤其是转基因作物产业化公共决策在涉及经济、社会和自然等不同活动时的结果具有潜在风险，其在评价标准以及价值选择方面则更需凸显安全底线的特殊性。这就要求我们应当在维护安全底线和维护人类各群体的根本利益上寻找到适当路径。

由此，保持底线利益应朝两个方面努力：一方面是在确保科学评价完善、得出有效安全结论的基础上进行产业化应用。与此同时，还应优先考虑"弱势方"的利益。比如，受影响最大的普通公众，他们的利益应被细化为对转基因食品进行标注，从而让公众具有选择转与非转基因食品的权利等这些可落实的公正权利指标。此外，还应保障转基因食品与非转基因食品二者在价格层面的公平。例如，转基因食品应种植成本降低又能够实施产业化而价格亲民，非转基因食品的价格却被抬高使得公众无法自由消费，这也是不公正的体现。另一方面，还应实行科学应对风险机制或补偿制度，尤其是万一发生了转基因作物对人体产生毒性的事件或者是在环境层面出现了超级杂草、超级害虫甚至是基因漂移等事件时，要有相应的科学措施能将这些风险控制住。而对这些风险造成的损失，尤其是最为直接相关的种植户、消费者的损失，还应有明确的补偿制度。值得注意的是，对于环境层面的补偿机制是一个难点：因为环境是一种自然禀赋，具有公共物品性，也具有代际享用性。由此，这在相关群体的责任认定、补偿认定上存在困难。更为重要的是，环境的耗竭以及修复这二者在力度、速度上并不均衡，甚至环境的部分子系统或构成的资源等因素是不可逆的。这在补偿方法上亦存在困境。因此，要让环境再修复、再循环、再利用、再创造、再发展并非易事。目前，对环境的补偿一般是指向广义的治理和统筹以达到环境修复发展的目标。总之，安全评价与风险补偿是构成底线公正的两个主要方面，我们必须从这种底线路径着手以实现根本性的利益公正。

其次，我们应对多元利益进行权衡、排序并确立"比较利益"的理念，这样才可能实现利益公正。面对转基因作物产业化涉及的多元利益，除了权衡、排序，我们还应将"比较利益"的理念纳入分配方案中。因为多元利益的权衡、排序指向的是选择，可能只能满足部分利益。而"比较利益"则更多指向的是经过相关利弊权衡后，亦尊重其他群体的利益诉求，期望"利己"与"利他"的兼得。这样在动机上就遵循了公正分配的理念。而"比较利益"源自于北京大学陈庆云教授，其在"经济理性"的利益动机和"公共无私"的利益动机的基础上提出了此观点，旨在平衡"绝对利己"和"绝对利他"的理念①。转基因作物产业化链条中涉及官僚精英、科技专家、生物技术公司等利益团体、种植户以及广泛的普通公众这些主要相关主体，这些多元主体追求相对应的政治利益、名望利益、经济利益、安全需求利益等利益目标。其中，公共机构除了受这些相关主体的左右以及追求自身的利益目标外，其本身还肩负着庇护公民幸福的职责。而基于上文所述，行为关系的需要指向的也是利益。由此，公共机构面对多元利益的追求和分配时又多了一层需要兼顾的利益，即上文提及的"利他"——要关切其他群体，尤其是公众的需求和利益，而这必然要求整合多元利益以实现公正分配。

① 陈庆云、曾军荣、鄞益奋：《比较利益：公共管理研究中的人性假设》，《中国行政管理》2005年第6期。

再有，倡导合理的利益妥协理念才可能实现利益公正。妥协在词义上包含了折中、让步、避免冲突、达成和解等寓意，而从词性上来看，其属中性词。转基因作物产业化的利益妥协是指虽然不能完全满足各利益体的目标诉求，但能通过商讨，甚至对不合理的利益进行妥协以达成各群体比较满意的、可接受的方案。这不仅体现了公正的伦理精神，亦是本书在理论部分所提及的后常规科学话语互动满意人理念作为基础理论支撑的逻辑起点。例如，生物技术公司应意识到其所追求的转基因作物产业化的技术红利必须建立在普通公众愿意接受的基础上才能实现。由此，作为较强势的利益体，应通过基于转基因作物技术的精准性、安全性落实转基因种子不另外附带捆绑销售等妥协方式来实现自身的利益。客观来说，不论何种方案都难以实现所有群体所需的利益，尤其是转基因作物产业化公共决策还面临着一系列的不确定性，这种利益分配更应努力趋向择优、满意这样的理性方案。

（三）程序民主理念的展现

民主的意涵既指向一种价值理念，又指向于具体实践，其最主要的意义在于限制权力[1]。密尔指出，民主是多元的，即便是少数人的意见也应得到表达[2]，这在一定程度上明确了民主理念所内蕴的沟通、协商的意涵。而本书语境下的程序民主是指转基因作物产业化公共决策应符合程序、符合规范，尤其要注重公众的参与、沟通、协商以落实相关伦理精神。同时，程序民主通常出现在合法性这一语境中，而唯有落实程序民主，公共决策的方案和结果才能最终为公众所同意和接受，才能达成满意共识。由此，程序民主理念的确立主要在于两个层面：一是公共与公开，二是商谈与审慎。公共是指转基因作物产业化作为一项公共决策，其内蕴的多元价值在最终输出时应实现社会整合共享的意义。公开是程序民主的前提和基本特征，唯有将相关信息公

---

① 参见 Gaius. Institutes of Roman Law, In Franklin G. Miller, Alan Wertheimer ed. The Ethics of Consent: Theory and Practice[M]. Oxford:Oxford University Press,2010:22.

② 参见〔英〕密尔著，汪宣译:《代议制政府》，商务印书馆 1997 年版，第 26 页。

开，才能让公众周知并将其纳入程序参与中。商谈是指面对各群体存在的认知困惑、意见分歧、价值冲突进行"聚合及裁决"以达到共识，而审慎是指在整个公开、参与、商讨的过程中，不能以简单的、以多数人强有力的观点迫使少部分人妥协接纳决策结果。

当前，对于公共决策商讨的质疑点又主要集中在以下几个方面：一是目前没有充分证据证明粮食或食品问题唯有靠转基因技术才能解决。例如，转基因作物技术研发者一直强调农业发展的前景是以最低成本来提供最大产量以满足粮食需求和经济需求，然而转基因作物是否真的能满足增产尚存在争议。二是转基因作物对人体健康的影响尤其是累积效应的检测还需要历时性的证据。之前的实验大都是动物短期实验，而近年来科学家才开始对动物喂食转基因作物或食品进行三代监测，但还未得出明确的实验结论。三是对环境的影响也未有明确证据能证明其并不会发生超级杂草、超级害虫以及基因漂移的情况。四是转基因作物产品标识是尊重公众知情选择的保障，因为即使转基因作物及其食品最终被证实是安全的，仍然会有部分人可能不愿意吃，我们应当对此予以尊重。由此，转基因的标签政策十分重要。五是转基因食品在价格方面更低廉，这将导致一种趋势：很有可能只有贫困人群才会购买转基因食品。而万一其对人体产生毒性等问题，那么承担风险的群体仍是这些贫困人群。这会不会是各利益群体由于夹杂私利而进行的"灰色产业化"？这是否会演变成"你的利益""我的风险"这种困境？所有这些方面的问题都蕴含着对受众影响的探索，这恰恰需要程序民主来进行商讨以达成共识。

因此，基于这些疑虑以及程序民主理念，在实现公共决策程序民主的步骤方面应落实在：深化公众参与层面、深化科学理解与信息公开商讨层面、深化科技利害权衡与接受方案结果层面这最主要的三个层面。这三个层面恰好体现了公共、公开、商谈、审慎的民主理念：深化公众参与是指应当让公众有更多的渠道、机会去了解转基因作物产业化的好处及风险点。一方面，公众是该公共决策最主要的受众，这是公共性的体现；另一方面，基于预期目标和风险点的了解，才能找准争议的具体点，也才能为下一步的商讨环节打下基础。而这一切的践行应在公众参与人数、比例、方式等方面加以明确。

而深化科学理解与信息公开商讨，是指对转基因作物技术科学理解及信息交流对称的情况下才有可能进行方案商讨，这与前一步骤相较而言，已不再仅是知悉该技术应用所带来的"优劣"问题，而是更具体指向了探讨技术原理认知层面、社会价值影响层面等内容。从其自身的特性来说，转基因作物技术在现实社会影响中分别对应了公众的生命健康伦理问题、环境的安全伦理问题、转基因食品标识的知情伦理问题、贸易壁垒自主专利的政治经济伦理问题。由此，基于这种复杂多元的公共决策伦理问题，在相关信息的公开性、传播性层面应更注重透明度和传递表达方式的真实严谨性，这样才能让公众真正知情、商讨以落实民主。深化科技利害权衡与接受方案结果则是指对转基因作物产业化所带来的利、害能在审慎理念下达到充分权衡，并且对于利、害能合理分担。转基因作物产业化公共决策的利弊问题应考虑到科学理性、价值理性，也应考虑到正义性、后果性，还应考虑到过程管理及预防风险等这些与利弊相伴而生的因素，这样才能力求公众接受最终方案，而这也恰恰体现了一种谨慎、保护的理念。

　　总之，程序民主始终是公共决策过程的核心环节。从自然赋权的角度来说，人们联合成为国家并置身于政府之下，就天然享有了民主商讨的基本权利。民主商讨有益于实现整个社会的和平、安全和福利增长，特别是转基因作物产业化公共决策关涉技术安全，利益分配，其推行规范等将影响整个社会层面的各个重要因素。由此，该语境下的程序民主更应力求将相关信息如实公开，并广泛纳入各群体进行意见交流、互动商讨以形成科学的方案。同时，也唯有保障民主商讨性，才能有力消解决策的"黑箱"进而力求预见"黑天鹅"式的风险，规避"蝴蝶效应"等联动的负面影响，真正提升决策的智慧。

二、转基因作物产业化公共决策伦理价值实现机制

　　所谓机制，是指有关活动的过程途径、条件、制度、规范等并在事物相

互影响中起支撑作用。在上文的相关理念框架的思想指导性下，还应有更具操作性的机制作保障以实现转基因作物产业化公共决策伦理价值。基于前文对转基因作物产业化公共伦理决策存在的相关困境探讨及所确立的相关公共决策伦理价值，为解决非真非善的技术信息状况、解决利益的不公分配和民众商讨的不充分，现分别从公共决策的伦理审查、长效追踪、有效监督、失职处罚、媒体的责任报道、风险交流沟通、利益协调及信任共建这 8 个方面进行展开讨论并进一步对理论进行完善。

（一）伦理审查机制

所谓伦理审查，是对可能涉及生命健康、生态环境及社会关系等总和进行伦理评价，尤其是高新、复杂的转基因作物技术，其产生的是积极还是消极影响，更需要对技术所涉的人体健康、环境安全、社会风险等层面进行预先判断，并从源头进行道德理念的确立。伦理审查最早发源于西方，即通过建立伦理审查委员会及审查制度对道德伦理进行落实。转基因作物产业化语境下的伦理审查实质是对公共决策行为规范的判断。

转基因作物产业化语境下的伦理审查机制可从以下三个方面进行落实。

1. 明确伦理审查的运作制度

这关涉伦理审查的主体、指导准则、审查内容等层面的建构。例如，对转基因作物产业化进行伦理审查的主体可由农业生物、环保、食药安全这些与转基因作物技术相关的政府组织、非政府组织、相关科技专家、人文社科专家、生物企业员工、农户、普通公众等组成，以形成多元的相关伦理审查意见。指导准则应囊括食品、医学、环保等行业法规，还应与行政审批、公众知情同意等法规共同形成评估、审查、指导准则。伦理审查机制的内容则要对转基因作物批准清单、可能存在的风险、控制补偿等方面进行明确规定。这是伦理审查为实现"道德承诺"的运作架构[①]。

---

① 苗青:《伦理审查性质探讨》,《中国医学伦理学》2012 年第 10 期。

2.建立伦理审查的自我评估制度

这是对转基因作物产业化伦理审查实践工作的促进和优化。具体来看，可从伦理审查的主体资格、名单、履历等（力求避免与转基因作物产业化存在利益负荷的主体）以及伦理审查的相关文件依据、审查程序、后续存档等（力求鉴定转基因作物产业化的伦理审查是否完善）层面建构。伦理审查的自我评估对转基因作物产业化的研究交流、方案的有效提出及管理有着重要意义。

3.确立伦理审查的信息公开制度

转基因作物产业化公共决策的做出不仅要依据伦理审查的运行及相关法规，还应选择公开以获得公众的信任和接受，这在国际上有医学领域的伦理审查委员会信息公开办法作为实践范本。当前，随着互联网的迅猛发展，伦理审查的信息公开可以门户网站为依托，通过建立相关审查信息的下载、网络视频听证、审查人员的留言互动等相关操作，以对转基因作物产业化的审查、问题识别、意见反馈进行民意统计。

（二）长效追踪机制

转基因作物技术可能存在潜在风险，产业化应用一旦产生问题，会波及社会各个层面。然而，基于该技术的复杂性以及目前检测技术的有限性，还未能对风险发生的情况进行预判。所以，对于转基因作物产业化应进行全面、即时、长效的追踪，这不仅涵盖了对技术层面可能存在的问题的追踪，更是对该技术进行应用的公共决策全流程进行的监督和追踪。这种全过程、长时期的追踪机制有利于在某个环节发现风险时能够有效定位问题，进而快速抓准发生的原因、界定责任以解决问题。

具体操作层面，转基因作物产业化公共决策的追踪可从输入、过程、输出这三个主要层面确立相关制度。

一是从输入的角度建立公共决策信息源的制度架构，这可将公共决策相关的目标、问题等囊括在这一信息源架构体系内。例如，对何品种的转基因作物应进行产业化运用？是为了抗虫以减少农药从而达到环保目标，还是为了抗虫以减少农民购买其他附属农产品的成本来实现增收目的？这一架构可将公共决策运行的相关信息、模式等进行"存储"，以便于查询。

二是从过程的角度建立链式追踪制度。输入的信息源制度构架是直接将相关信息予以收集整合，而链式追踪制度则是对公共决策方案进行具体解析、审查并对方案进行再度检验式的判断。例如，转基因作物产业化下各主体诉求是什么、方案内容是什么、有哪些优劣势比较、最终商讨的结果如何定夺等。链式追踪可落实问题发生的缘由并找准其依据。这样就可以明确责任方及责任内容。

三是从输出的角度建立无缝定位反馈的制度。这一制度可将转基因作物产业化公共决策所涉的范围幅度、方案影响及其可能产生的风险进行定位。这一制度依托当下高速发展的互联网技术，还可将相关信息反馈给公众。例如，二维码扫描的方式可以让普通公众也能追踪其想了解的信息，这样，转基因食品的成分、生产厂家、审批编号都能够被定位查询，进而可以实现循环、反思、追查的公共决策运行体系。

（三）有效监督机制

监督，意指监察、制约。而公共决策监督是指按一定的制度、法规依据对包括决策议程、方案商议、制定、推行等环节在内的决策系统的运行进行监察的行为[①]。

而在转基因作物产业化语境下，从具体监督制度层面上来说，则应从这些方面入手：一是设立对公共决策专门的监督机构，以监督该公共决策的可进入性，即各群体都能参与方案的商讨并知悉每个流程环节，而不局限于只听取科技专家的意见。这是监督该项公共决策的合法性及民主性。同时，该监督机构应侧重于对转基因作物产业化可能存在的风险进行评估，尤其是对人体健康环境效益、社会效益进行考量。

---

① 陈振明：《公共政策分析》，中国人民大学出版社 2003 年版，第 37 页。

二是实施公共决策监督的法治化，这可最大化对公共决策的商议原则、性质、运行方式进行有法规依据的监督，并可将转基因作物产业化提升到依法追究的强有力的约束层面。例如，目前各国基本都设有监督法。因此，在公共决策践行中，可以此法为基础纲本，以公共决策系统为运行构建，针对转基因作物产业化的关键问题予以监督。

三是对具体监督方式进行了综合辅助手段的健全完善，这就从实效运作层面对转基因作物产业化进行了监督。例如，对关涉的主体进行财务审查的监督以避免因转基因作物技术的红利而失去公正性；对不同生物公司申报的转基因作物品系进行审批信息公开、品系优劣竞争性的比对等。这些监督的辅助方式使得该项公共决策更具透明性。也将获得整个社会的认同并促进转基因作物产业化稳定、规范发展。

（四）失职处罚机制

政治学家萨拜因说过，当人们处于从恶能得到好处的境遇下，要劝人从善是徒劳的[①]。因此，失职处罚机制的实质就是针对这样的情形，通过进一步责任追究以及明确的惩罚标准来约束相关主体的行为，其目的是通过强制力对相关主体行为进行制度性保障，即一方面实现道德约束的预防性，另一方面则在实际践行层面落实追责性。这是处罚机制的核心功能。

转基因作物产业化下的相关利益体在面对技术红利的诱惑时，很难不受其偏好影响而商讨方案，这就可能导致出现公共决策价值失灵的状况。因此，面对诱惑而不能进行自我约束，就应在诱惑的相对面——处罚上提出严厉的标准以形成警戒。

对于转基因作物产业化公共决策语境下的失职处罚机制，在制度规范层面，可大致从以下几方面去完善。

一是明确失职主体追究细则。应构建第三方评定部门，并按照"谁有权"

---

① 参见〔美〕乔治·霍兰·萨拜因著，盛葵阳、崔妙因译：《政治学说史》（下卷），商务印书馆1986年版，第52页。

追究"谁失职"的主要准则，依据"直接主管部门到直接责任人"的细则进行追责，以避免职能交叉无法明晰失职人的现象。例如，转基因作物产业化所关涉的主体有很多，但最终方案的决定在于公共机构部门的行政人员。还应值得探讨的是造成失职的原因：是农业部门、环保部门，行政人员失职？还是因为其自身对决策方案认知不足，抑或为了满足私利而做出失职的行为？对这几个问题还应进行明确，因为这关系处罚具体的责任对象。

二是落实过错归咎体系。通过相关司法的制度运行，对失职者进行立案调查，并追踪相关事实依据。同时，归咎后还要落实相应的处罚依据及处罚程度、标准的问题。例如，若对转基因作物技术提供咨询的专家因其报告虚假科学实验结果而进行处罚，那么这种处罚应是告诫、待岗还是在学术界除名？这些担责处罚的方式，只有通过具体的、明确的、细化的归责处罚内容才能具有权威性。

三是确立处罚公开回应程序。这一程序是将最终处罚结果向公众通报，让公众再度参与、监测。可通过搭建失职处罚监督的网络平台以及组织公开听证会议等形式来确立处罚公开回应途径，例如，对公众发布转基因食品生产商处罚内容，让公众能够监督处罚是否真正落实到位、是否公正等情形。此外，对于失职处罚机制还需相关部门更加深入探讨，以避免过于随意而规范性不足的问题。

由此，失职处罚机制的实质是将相关主体行为进行"规范控制"，如果出现失范行为，则采取强制性的惩罚限制措施。这一机制为转基因作物产业化这一公共决策相关行为规范提供了一个视角，或者说是一条指向性路径，以力求达成转基因作物产业化各主体的自律行为。

（五）媒体责任机制

媒体的基本功能在于传播信息，而这需要遵守真实、及时等规范。同时，媒体还具有监督的功能。监督一方面可以对社会热点事件的解决进行敦促，另一方面又可通过对公共部门的相关公共决策进行监督以保证其结果公开透明，而这恰恰是媒体报道所肩负的责任之所在——科学传播，公开真实消息。

转基因作物产业化决策语境下的媒体报道尤其应建立相关规范以及报道责任机制，以避免追求所谓的曝光率、经济利益以及所谓的新闻自由，反而成为利益团体的"乌合之众"。尤其是媒体一会儿报道"美国国家科学院发告称转基因作物对人体无害"[①]，一会儿又报道"隐忧重重，转基因对人类和自然界影响仍未知"[②]。这样两种截然相反的内容，一方面暴露了媒体自身对事实真相的理解具有模糊性，或者说有意"选择"报道内容以左右舆论；另一方面更说明了媒体报道过于随意和自由，绕开了其应承担的科学、客观报道并监督决策进程的相关责任，这也是本书对建立媒体报道责任机制进行分析、探讨的原因。

由此，媒体报道应有被问责的相关机制建设需从以下几个方面进行：一是建立媒体人责任自约规律。媒体报道应遵从自律，应负有社会责任，其报道的内容应真实客观，应基于事实框架进行相关转基因作物技术信息的报道。如果媒体没有履行就应被问责（Media Accountability）[③]。二是建立相关媒体评议制度。比如，新闻评议会就是监督媒体的仲裁机构。这一机构起源于英国，通过设立相关媒体的道德风尚细则，旨在积极引导媒体报道的社会责任意识。三是媒体报道的责任法制建设。这是从硬性层面专门规定媒体报道的责任义务。可对其信源传播做出明确管理，以禁止虚假、有偿报道的丑恶现象出现。

（六）交流沟通机制

转基因作物产业化之所以会陷入"挺转""反转"的口水战僵局的主要原因之一就在于各参与主体对该技术的科学原理、潜在风险及应用效益认知不一致且又缺乏交流沟通。例如，科学家认为，转基因作物技术的本质还是育

---

① 《美国国家科学院发报告称转基因作物对人体无害》，新浪网，http://tech.sina.com.cn/d/i/2016-05-19/doc-ifxsktkr5732119.shtml.

② 《隐忧重重，转基因对人类和自然界影响仍属未知》，凤凰网，http://tech.ifeng.com/discovery/special/gene-modified-food/.

③ 杨德威：《欧洲的媒体问责》，《中国记者》2003 年第 12 期。

种，而这项技术的魅力也在于可跨物种的插入基因。而公众则认为，跨物种转入的基因是自然界的外来物、人造物，对于这项技术的合理性不敢苟同。潜在风险层面，科学家认为通过杆菌转化法、基因枪法转入的基因能够精准融合，同时在环境释放观察及食品成分检测层面都未发现风险，安全性上有一定的保证。公众则认为：没有对人体进行三代食用检测的临床实验就不能被认为是安全的。从效用层面看，科学家认为转基因作物可提高作物产量以救助贫困饥饿人群，少用农药有利于环保，且其具有降低成本为农户增收等效用，是增进人类福祉的技术。而公众则认为，他们只能看到市场上供应的转基因作物食品的成分、价格这些信息，对于其他效用的感知并不明显。

认知不一致并不可怕，因为对任何一项事物的认知都会存在不同的思维和意见。但面对不同，应积极交流沟通。相关的交流沟通机制也并不是一个新鲜的话题，但在实践层面仍存在着单向度的让公众理解、接纳科技而不是双向倾听沟通的现象。

由此，正式的制度化的沟通交流机制亟须建立以实现有效的互动。一是理清机制中的主客体关系，将公众视为交流伙伴关系，充分赋予其"发声"权利局面。二是设立一个风险交流的综合平台，借助国际食品信息理事会（IFIC）的资源（其具有国际食品信息基金会和哈佛大学公共卫生系成立的专家咨询组①）以进一步提高公众智能素养并理性对话。三是在具体交流准则上，区别对待不同专业不同背景的公众。只有如此，才能规范并精确交流信息的内容以进行鉴别式、针对式的沟通。这样的交流机制才能有效发挥其作用。

（七）利益协调机制

客观来说，各群体所拥有的资源是不一致的，这是利益不均衡的原因所在。由此，应当采取相关一揽子措施以平衡各群体的利益以满足多元格局中

---

① Reed. A.K.Overview and Risk Communication[C].Nanjing Agricultrue University, Nanjing, China:22.

各群体自身需求①。转基因作物产业化公共决策的利益协调机制可从诉求引导、利益整合、约束补偿这三个主要方面着手进行建构。

第一，转基因作物产业化语境下的诉求引导应对各群体的需求及自主表达能提供有力依托。可设想建立第三方共识委员会，将各群体的诉求进行传输。西方就有相关共识委员会（Consensus Councils）的存在②。尤其是在当下科普、座谈、听证等活动普及率高的情况下，共识委员会的设立可避免形式化的交流。同时，在诉求内容上可由该委员会进行细化、审议、评估、分析，最终提出一份诉求引导共识报告。这不仅能有效收集各群体的利益诉求，还能协调诉求的争议点。

第二，转基因作物产业化语境下的利益整合应加强各群体思想和行动上的互动，以形成更大的新群体，从中找到满足自己的利益点。这需要加强参与模式从异到同再到公的制度构建。这一制度确立的难点在于无法将转基因作物技术这一复杂的科学信息进行公共商讨。例如，转基因作物产业化公共决策的利益点困境在于人体层面的健康利益和国家层面的科技、农业、经济发展的利益以及生态环境层面的安全利益这三个层面的整合。这需要我们落实转基因作物产业化链条中各方（诸如，研发者、生物科技公司、政府、种植户、消费者等）的协商整合，以形成结合科学知识与社会秩序的组织，并由该组织实现各群体兼顾技术研发、实施产业化及安全管理中所涉科技、经济、安全等利益。

第三，转基因作物产业化语境下的约束补偿可从两方面进行加强：一是对转基因作物产业化在摇摆于规范与反规范的灰色地带中进行的金权交易行为予以打击。二是对可能因风险而受损的群体应给予其物质和精神层面的补偿。这应有相关的法律进行确认。转基因作物技术实施产业化发展，其指向的是经济发展的生命线以及人的欲望的持续被激发。利益团体也正是被这二者所蒙蔽，不能实现理性权衡。因此，法律层面的约束则显得尤为重要。例如，可对技术

---

① 孙立平：《博弈——断裂社会的利益冲突与和谐》，社会科学文献出版社 2006 年版，第 62 页。

② 张保明：《技术也需要治理》，《国外科技动态》2001 年第 10 期。

应用设置动机评估法规条款，同样，补偿的具体指标亦需要相关法律的落实。例如，万一转基因作物被证实有一定的风险性，那么对于种植户应对其在种子成本、种植面积、市场产量价等层面的损失进行补偿。而对于消费者来说，应对其购买的转基因作物食品进行召回，同时通过医疗体检等方式对其进行补偿。当然，这都需要相关法律来作为保障。

（八）信任共建机制

信任是一切行动的基础。以信任关系为支撑的参与互动，能让行动中的成员产生安全感和确定感，从而达成合作意愿[①]。转基因作物产业化公共决策伦理语境下的信任表现为普通公众这一受影响最大的群体对公共部门在其履职的公正性、方案真实性、结果可接受性等层面所具有的信心。

由此，信任共建机制应围绕转基因作物产业化公共决策伦理下的公正性、真实性、接受性这些本质要件展开，对公共决策活动进行相关制度规范的建设，包括不断完善公正程序、阻止欺骗和机会主义的产生、形成较为共同、一致的价值取向。这种制度规范的建设可从以下3个主要方面进行落实：一是必须符合程序，符合民主正义性，这主要关涉公共决策系统的制度建设。二是必须符合真实性、科学性，这主要涉及对专家的科技能力和责任规范的建设。三是必须让公众乐于接受最终的公共决策方案，这需要有相关活动途径对公民科学理性和公民精神进行建设。

在公共决策公正性的制度建设上，应当在程序规范上明确预期目标，公正对待不同诉求的群体。一方面，应在影响目标人群上精准定位，并倾向于相对较为弱势的群体。例如，转基因作物产业化公共决策下的农户和作为消费者的普通公众在参与、表达层面的影响力较微弱，那么就可以明确将这一群体纳入公共决策的动态参与过程，进而在商讨等具体途径上进行制度安排以尊重其诉求。另一方面，应在具体的参与人数、群体比例、途径方式等层

---

① 〔美〕罗伯特·D. 帕特南著，王列、赖海榕译：《使民主运转起来：现代意大利的公民传统》，中国人民大学出版社 2015 年版，第 37 页。

面进行明确规定，这不仅包含"公"的意蕴，更彰显了伦理的价值，亦有助于实质争议问题的解决。

在专家科技能力和责任的规范建设上，应从拓展专家科研能力及肩负责任伦理这两个方面进行落实。在拓展科研能力层面，专家对于转基因作物技术的认知应不断深化；专家们亦需要同行评议并持续学习。由此，可建立起相关科研学习评价小组等活动、制度。在责任伦理层面，专家应树立起责任伦理意识并建立起明确的责任落实、责任追究制度，尤其是对转基因作物技术来说，其并不只是科技领域探索自然的问题，而是关乎政治、经济、整个社会甚至关乎人道、人性问题。因此，将专家科技能力和责任规范建设进行制度落实，才能避免出于现实目的而偏离认知科学精神的非理性行为。

在公民科学理性和公民精神建设层面上，科学理性建设的途径主要在于提升公民对转基因作物技术的理解，这就要求应探索并落实更多更有效的科学活动、科普活动（例如国外兴起的真人科学图书馆等）以形成自然科学——人性社会的理性思维。而公民精神的建设可从公民政治意愿评价（例如公共论坛可作为意愿承载平台）、公民生活（例如自愿组织的协会赋予公民生活空间和场域）这两个方面进行构筑。总之，信任是公共决策顺利进行的坚实保障。信任的关系机制可将事实进行聚合并再次进行检验、判断，进而形成令人满意的最终方案。这是一种良性、善意的公共决策系统构筑，而这种构筑同样利于遵从公共理性而达成共同协商的约定。

三、转基因作物产业化公共决策伦理的实践措施

在上述理念、机制确立的基础上，我们找到了落实公共决策伦理的指向。基于此，我们还需在具体的实践途径上进行探讨，并针对真实诚信、公正分配、民主沟通等层面的问题进一步落实相关伦理精神。而对于具体的转基因作物产业化公共决策伦理的实践措施而言，其必然离不开公众的参与，这就

要求公众应具有相关的科学素养和参政能力。由此，我们应对转基因技术的科普方式进行优化。转基因作物产业化公共决策伦理的落实必须有一套明确、规范的法规依据作为准绳和依托，所以，应当落实专门的转基因作物商业化法规。而转基因作物产业化公共决策伦理的实现与相关决策机构的责任息息相关，因此，我们应建立相应的责任溯源依据。对于转基因作物产业化公共决策相关信息进行传播的媒体人，其报道德性是关键因素。基于此，我们还应当确立相关媒体人的信息披露机制，以保障转基因作物产业化公告决策伦理能够得以践行。

（一）科普方式的优化：个案情境研讨班和公民实地陪审团

客观而言，科学知识和科学应用的公共决策确实是复杂、深奥的，尤其是本书所研究的转基因作物技术，在一定程度上超出了公众的知识范围，公众很难理解透彻[1]。所以，更需对公众科普而不是将其排斥在决策外。同时，有些公众的受教育程度是较高的，但他们也可能在道德层面持反对态度。由此，大众的质疑并非完全出于无知，而是面对具有深远影响的技术时萌生的合理疑问，这也是公众如何认知、理解科学的问题。同时，科学的知识、方法又反过来会推动公众理解社会文化、公共政策和民主建设[2]。然而，当下的科学传播形式效果并不理智，这就要求我们要对科普、公众对话及交流形式进行优化。

特别是针对转基因作物技术，如果还是采取讲座、演示等方法，公众的参与感并不会增强，而且实验的透明性和有效度依旧不高，公众仍无法理解或者说对该技术产生信任。从文献考察来看，全球目前较为推崇的科普方式主要有科学咖啡馆、科学节、共识会议等形式，这些科普方式的共同点在于以欢乐的形式和草根的性质，使最普通的民众尽可能参与到科学沟通之中。

---

① 肖显静：《决策中的科技专家：技治主义还是诚实代理人？》，《山东科技大学学报（社会科学版）》2011 年第 8 期。

② 胡志强、肖显静：《公众理解科学》，《工程研究》2003 年第 2 期。

而本书则结合了这些国际通用的科普形式及转基因作物技术的特征，聚焦于个案情境研讨班和公民实地陪审团这两种科普方式上。

个案情境研讨班（Case Scenario Workshop）起源于丹麦，由丹麦技术委员会对公众科普，进而促使其参与科技领域的公共决策①。每一个班大约有30人，分别扮演不同角色：如转基因作物技术链条涉及决策者、商业代表、专家等。而具体个案的展开可以是对转基因作物技术不同品种的科普，也可以是从研发到最终应用的不同阶段的商讨。这样不仅能深度学习相关技术的科学知识，还能够通过对不同角色的模拟，从不同的立场对决策进行思考，并充分地体会其他立场的态度和想法。这将有利于解决问题并预测未来趋势。

公民实地陪审团（Citizens' Field Jury）是美国的一个非政府组织——杰斐逊中心（Jefferson Center）倡导的公众参与科学决策与技术评价的模式②。这个模式的第一步是让一组具有代表性的公众组成陪审团到转基因作物技术研发、种植实地去观测，对相关议题信息进行全面了解，从而向专家进行质询并提出建设性的意见。公民实地陪审团的有效性或者说其最大的意义就在于：其体现的是公共利益，其最终方案是公众可接受的。

这两种方法在不同国家、不同实际中肯定还会做出调整，但这两种方式对优化当前的科普以及公众参与科学应用的公共决策的形式提供了新的路径指向，值得我们学习和借鉴。科普方式的优化不仅可以促进转基因作物技术知识的传播，更将有助于公众有效参与以实现其诉求表达进而达成满意共识。

（二）转基因作物商业安全法的落实：以基础法规协调统领

从当前的一些文献和法规来看，不论国内还是国外，包括一直推崇转基因技术的美国，并没有真正落实独立的、专门的转基因作物商业化安全法。

---

① Andersen I E, Birgit J.Case Scenario Workshop and Consensus Conferences[J].*Science and Public Policy*,1999,26(5):331-340.

② Kenyon, Wendy.Enhancing Environmental Decision-Making Using Citizens' Field Jury[J].*Local Environment*,2003(2):8.

大部分法规的名称是《转基因生物安全管理法》或者是专指转基因作物的《农业转基因生物安全评估法》等，因其基本涵盖在食品安全法、环境安全法中。还有部分涉及进出口贸易、标识的管理办法，名称一般为《农业转基因生物进口管理办法》《农业转基因生物标识管理办法》等①。这就会导致"碎片化"管理问题的出现。

"碎片化"的概念最早是由英国学者希克斯提出的，是指公共机构按法律规章对公共事务进行管理、公共决策上存在不协调，所提供的功能、服务存在分解的情形②。转基因作物产业化语境下，如果不落实专门的商业化安全法，仍沿用食品安全法、环境安全法可能导致以下问题：一是允许转基因种子该种植的安全评估、应用审批等项目流程的法规存在重复、交叠的情况。例如，农业及食品管理部门按农业、食品安全法对种子品种进行审批，并对其商业用途（用作食品还是用作饲料）进行考察，而环保部门也存在按照相关环境法规对转基因种子进行品种审批、安全释放等环节进行检测的权利③。这会造成资源的严重浪费。二是按不同法规的细则可能出现安全标准不一致的冲突情况。目前，对转基因作物安全检测的最主要指标之一是对其外源蛋白的检测。然而，按照食品安全法和环境保护法的规定，转基因作物的外源蛋白含量标准以及其在人肠道消化分解的标准可能与土壤检测到转基因作物根系所分泌出的含量标准不一致④。这可能造成转基因作物食品是安全的，而环境释放是不安全的冲突性结果的出现。三是对于将转基因作物投放到贸易市场的法规细则中可能存在越境检测（这种检测通常也包括食用安全、环境释放等层面的检测）的环节，这可能会造成农业、食安、环保、检疫等机构部门互相推诿的情况。这些情况均不利于转基因作物产业化的安全落实。

因此，我们应当对转基因作物商业安全法进行构建，并以与公众日常生活最紧密相关的农业、食品、环境等基础法规为根基，将技术研究、试验、

① 吴振、顾宪红：《国内外转基因食品安全管理法律法规概览》，《四川畜牧兽医》2011年第4期。

② Perri 6. Joint-up Government in West World in Comparative Perspective[J]. *Journal of Public Administration Research*, 2004(1):21.

③ 《探索转基因作物审批》，食品科技网，http://www.tech-food.com/news/detail/n1227823.htm.

④ 苏锐：《转基因作物检测新进展》，《化学通报》2012年第2期。

生产、加工、标识、经营和进出口以及召回补偿等诸多环节都进行详细落实。例如，转基因作物包括非食用的产品，也包括可食用的初级农业转基因产品，甚至还包括以初级转基因产品为原材料进行深度加工的食品[①]，因此，应当对其进行区分。公共部门、食品生产加工公司和转基因种子公司等均应对审批细则及可能存在的健康生态风险承担责任。唯有如此，转基因作物产业化所涉及的多方职责内容才能得到明晰。

由此，对于转基因作物商业安全法的落实，应以农业法规、食品安全法规及环境生态法规作为基础来协调统领，进而构建专门法规，这样才可能尽量消解上述"碎片化"问题不断出现的情形。同时，我们亦应正视：该商业法的落实，是贯穿对产业化安全推进始终的一项重要任务。明确相关机构的职责、明确审批的内容、流程、规定，才能明确相关利益风险的分配，这样不仅有助于树立公众的信心，也有利于转基因作物产业化规范、可持续的发展。

（三）溯源管理机构的责任：以风险量化数据为依据

转基因作物产业化应用的关键一环在于如何评估和追踪其安全性以及如何找到相关部门进行责任溯源。如果说前面章节提及的长效追踪机制在于追踪和定位，那么这一节的内容则更侧重于通过可量化的数据风险来溯源责任，这就更为具体地明确了责任方和相关依据。客观而言，转基因作物技术在应用前就应以实验准则及科学风险评估的操作程序为重，对其应用后的抽查、追踪也应能获得原初数据以进行溯源，并定位到相关管理机构的权责，这样才能稳妥地解决技术产业化应用的后顾之忧。科学技术，其应用的基础就在于多次反复实验以获得规律性。如果没有相关的可量化的数据或相关的风险评估，就不能说是真正地追求知识真理。转基因作物产业化公共决策不仅关涉技术本身的安全性，更关涉公众的接受度，而这离不开与"知情选择"相

[①]　李文瑛、徐谷波:《转基因食品安全管理存在的问题》,《沈阳农业大学学报（社会科学版）》2013年第 4 期。

关的溯源、标识管理。因此，每个环节的风险溯源管理对转基因作物产业化健康发展和对公共机构理性决策以及对维护公众的合法权益都有重大意义。

所谓溯源，在维基百科里的定义是：根据一定的证明，对涉及对象能按一定的程序和顺序进行追踪。而最早对食品进行溯源管理的是欧盟——任何用于消费的食品、饲料、动物加工品及其他物质加工品的生产、加工及销售的各环节都应进行跟踪、确认。

由此，对转基因作物及其产品溯源的本质是对其各环节关键信息的记录和定位跟踪，以确保农产品从农田到餐桌产销的信息的公开、真实、可追溯。而溯源的具体环节涉及农产品生产、加工处理及流通、销售过程各阶段，在这些环节中以可视化、可量化的数据来追溯相关机构的责任则更为清晰明确。溯源的主要内容则可大致记录如下：一是产品供应链的输入和输出层面，可转换为地点、供应商等代码数字信息。二是供应链全程有效的信息传递，这些信息可通过字母等编码来表明供应链是否接收到产品、是何品系产品以及产品数量等信息。三是资料负责任方，谁提供这些产品原材料，可具体查到相关田地、种植、运输等信息。四是产品标识，即何种成分所占的比例、阈值等记录。进行溯源的方式主要有纸质、条码系统（标签标识）、同位素示踪技术（对表达产物分子进行同位素标记，更适用于个别疑似样品的抽样追溯）等方法途径。

在进行溯源责任管理方面，美国于 2016 年签署的转基因强制标识法就是一个实例。虽然这个做法遭到许多质疑，例如，转基因食品标识法规定使用二维码，公众则认为这非常不清晰也不便利，因为有些人没有智能手机用于扫码甚至是不会操作扫码，然而，从另一角度——追踪溯源的角度来说，这有利于药品食品管理局对食品信息进行监控和追踪。同时，通过使用这个二维码标识，公众还可起诉食品企业以及相关管理责任部门：因为可以通过这个二维码进行数据追踪，确定食品成分、企业责任人及管理的公共部门，进而保障消费者的相关权利。因此，溯源是一个有效的管理模式。溯源管理不仅在于其能追查定位到问题发生的环节及责任方，更在于溯源能有一系列的指标、数据作为责任认定依据。这有利于约束相关决策主体"不文明"的行为，落实其责任并尽可能确保转基因作物产业化链条中各环节的规范性及产品的安全性。

（四）规范媒体道德：建立健全媒体人的信息披露机制

对于本书所探讨的媒体对于转基因作物产业化公共决策信息进行有意无意的不实报道、错误报道等情况，在具体操作层面，我们可从建立健全相关媒体人员信息披露机制的层面入手，以约束其行为。媒体人员相关个人信息在其单位、从业领域肯定有相应的档案，但这些信息对于公众却是无法即时查询的。尤其是当公众看到一些有争议的报道内容想进一步核实时却无从"着手"。因此，还应完善、健全该披露机制以促进媒体人信息的透明化并约束、规范其报道行为。

媒体人信息披露机制的实质是建立媒体人个人信息披露及其所发表言论的可追溯查询平台，并构建起信用档案。互联网时代，将客观事物的信息录入到电子平台并不困难。例如，在药品食品领域，各国基本都有这种方式的监管手段。信息披露与可追溯机制是息息相关的，甚至可以是合体的，因为所谓可追溯机制其实是通过一系列信息记录查出可供考证的具体细节，以发现事实真相[1]。需要明确的是，本书上一节中的溯源机制针对的是转基因作物产业化责任内容的追踪，用证据来定位相关责任部门，而本节所探讨的信息披露机制则在于对媒体人员的从业资格、报道内容、信用记录以及财产（例如，看其是否有利益负荷而产生灰色报道以影响决策的舆论及进程）等个人信息进行披露。

这一机制能比较有效保证媒体人对转基因作物技术言论的客观公正，因为这种信息记录与媒体人的个人信誉相绑定，如将其荣誉、受表彰等方面的信息综合起来评价，并构建信用等级，以作为考评依据。信用是一个抽象而内涵丰富的词，落到媒体人身上，则是形象、名誉的综合名片，是对其从业

---

[1] 刘柳、徐治立：《专家参与危机管理中的信任失灵与策略转换》，《北京航空航天大学学报（社会科学版）》2015 年第 2 期。

资格的认定和评价[①]。

　　同时，这种信息披露机制提高了言论被收买的风险成本。风险成本最直接的特征体现为可感知性，这让所有被监督的媒体人却能明确知道要对其不当言行负责，否则会遭到惩罚。而比感知风险更有禁止效力的是累积性的风险，也就是说媒体人的信息和信任形成了一个长期记录。这种风险带来的惩罚不是一次性的，而是累积的和连续的，并能够及时落实相应责任追究，使媒体人可随时感知到其言行所带来的后果。这种累积性的后果当达到一定的限度时就会直接被给予较大的惩罚。这种惩罚机制通过初期的警告给予被监管媒体人自我纠正的机会[②]。总之，媒体人对转基因作物产业化的报道应从知识性信息出发。唯有客观、真实、中立、全面的报道，才能让公众获得对转基因作物技术认知及判断的基本信息。而在此基础上，才可能使公众对利益分配、技术风险的可控性进行讨论，进而在价值争议层面做出有益贡献。

---

① 刘柳、徐治立：《专家参与危机管理中的信任失灵与策略转换》，《北京航空航天大学学报（社会科学版）》2015 年第 2 期。

② 刘圣中：《公共治理的自行车难题：政府规制的信息、风险和价格要素分析》，《公共管理学报》2006 年第 4 期。

结　语

　　对于转基因作物产业化之争，虽然有部分学者直言，回头再看这场争论，会觉得是一出笑话。对于这个观点，笔者的态度是——永远都不能否认"黑天鹅"的存在：不论是大概率事件还是小概率事件，这种可能性终究存在，即便在未来时空条件下，转基因作物的安全得到了证实，这场争论也不会是笑话。相反，在争论的过程中，我们一直在探寻有关科技应用公共决策存在的问题，并努力靠近解答域，这本身就十分具有意义。

　　客观来说，我们需要正视也必须正视技术一直在研发也一直在向前，技术不可能永远关在实验室这一态势。而技术一旦走出实验室，尤其是像转基因生物技术、基因工程这样复杂而又与人的生存情况密切相关的技术，必定会带来人体健康、生态安全、专利上的科技主权、经济上的贸易竞争等整个社会层面的冲击和影响。因此，如果要实施转基因作物产业化，首先就必须要重视其安全层面的问题，这是底线。同时，在保证安全的基础上，还应以对其技术应用和公共决策伦理遵循人性的角度去平衡二者关系。换句话说，一旦技术要应用，变成一种社会机能，就必须遵循现有的伦理制度，这样才能解决利益分配、风险分担、程序正当等问题。

　　而在纯粹的自然科学领域，科学家们竭力追求的是满足科学的好奇心，不断认知、把握自然规律。因此，在转基因作物技术层面，科学家们认为：在对传统育种的认知把握的基础上，再通过对基因插入精准、对植物生长指标观察进行突破的研究工作，从技术角度本身讲，并没有太多伦理上的不妥。同时，只要进一步研究，得出对人体健康、生态安全影响并不太大的结论，就可考虑应用以获得技术红利。然而，这种科技探索在实践中往往会被"扭曲"变得并不"纯粹"。由此，社会科学的专家则聚焦于转基因作物产业化的价值、伦理规范层面的内容进行讨论。例如，探讨科技专家是否会存在利益负荷而不能提供真实、可靠的关于转基因作物技术的原理知识、其可能存在的风险点等决策咨询意见；探讨大型生物技术公司是否存在不当手段进行市场利润垄断；探讨公共机构是否存在因追求自主研发的技术专利及对农贸利益的偏好而倾向于产业化等一系列价值伦理问题。

由此，转基因作物产业化公共决策不仅仅要基于科学安全这样的"事实依据"来做出，更应基于价值依据来做出，这是公共决策天然被赋予的道德和责任，亦是提出公共决策伦理的意义所在。由此，针对转基因作物技术或存在的风险，对于科技专家、生物技术公司或负载的利益目的，对公共部门借由履行科技主权、粮食安全、农贸发展等职责而寻租满足私利的不当状况，伦理精神的落实就显得尤为重要。对于这种"善"的伦理精神落实应当具体细化到对公众的健康负责、对公众赖以生存的环境负责、对技术红利进行利益协调、对技术风险实现责任追踪及补救措施、尊重公众的知情选择权等层面。这是遵循诚信、民主、公正等公共决策伦理精神的题中应有之义，亦能进一步落实转基因作物产业化安全、规范发展。

一、主要结论

通过以上的分析，本书可获得以下结论：

（一）转基因作物产业化看似是复杂技术问题，但因其应用的对象涉及人类、环境及整个社会，并负载政治经济等多重价值

因此，其实质指向的是公共决策。只要是公共决策就涉及最基本的要素——价值伦理。对于公共决策的探讨离不开目标和程序这两大问题。前者

指向功利伦理，而后者指向道义伦理。尤其是转基因作物产业化蕴含安全层面的不确定性、利益层面的冲突性及决策程序等问题。因此，公众的知情同意、技术红利的公正享有、各群体参与民主商讨等问题应得到保障。由此，转基因作物产业化决策确实关乎价值伦理问题。

（二）对于转基因作物产业化公共决策所关涉的伦理困境，我们不能一味以支持或反对这样分割的浅层次的观点来看待，更不能就科技的负面效应进行决绝批判

我们需要找到契合的理论作为指导框架去解决问题。由此，本研究以公共决策理论、科技不确定性风险理论、后常规科学话语互动满意人理念作为理论支撑，分别从公共决策伦理困境、转基因作物技术不确定性风险、相关群体参与—商议—对话的角度去探寻、破解转基因作物产业化公共决策伦理困境的路径。

（三）聚焦于转基因作物产业化公共决策伦理困境的具体问题争议较多

主要集中在：一是转基因作物技术安全性层面的困境，包括技术操作本身蕴含的安全性困境、检测评价原则方法带来的人体健康生态安全困境及科技主权粮食农贸层面的困境。二是相关参与主体层面的困境，包括参与主体资格及主体构成的科学性困境、参与主体存在角色冲突困境及科技公民身份虚化的困境。三是相关决策信息公开层面的困境，包括核心信息遮蔽困境、滞后性、真实性困境及媒体报道的信息存在模糊性困境。

（四）通过探析转基因作物产业化公共决策伦理困境的缘由，可将其归因为认知不确定性风险、利益的干扰分歧及复杂的公共决策环境这三方面的原因

认知不确定体现在转基因作物技术复杂而未能完全认知到其存在的不确

定性以及认知到不确定性是否忽略而面临诚信选择的情况。利益分歧主要在于多重利益的干扰以及相关主体片面逐利而忽略公共利益。仅以追求利益为目标，这是公共决策源头上伦理的困境。而复杂公共决策环境则指向公共机构面临多职责及公众因缺乏信任而产生阴谋论式的非理性思维状况。

（五）基于困境、根源分析，对于转基因作物产业化公共决策伦理应确立认知诚信、利益公正、程序民主这三个层面的伦理精神

认知诚信是指应当追求科学的真并对公众忠诚，如实将转基因作物技术或可能存在的风险告知公众。利益公正是指各群体在利益诉求上机会均等，在利益分配上进行具体调节并倾向于照顾弱势群体的切身利益。这更指向真正意义上的公正。程序民主的伦理精神则是要广泛纳入各相关群体进行民主商讨以形成共识。当前转基因作物产业化的政策态度主要有积极促进型、防御禁止型、预警推进型这三种。而分析这些现实的政策态度有利于我们审视这些政策态度所蕴含的价值取向是否符合本书所探讨的认知诚信、利益公正以及程序民主这三个主要方面的价值取向：积极促进型的政策态度以科学主义为原则，主张未发现风险就应推进转基因作物产业化享受技术红利。但这一政策态度往往存在着过于激进的价值取向。防御禁止型的政策态度则认为科学亦有局限性，应谨慎对待转基因作物产业化以规避风险。这种政策态度存在一定的合理性，但对转基因技术不能给予发展空间，导致其忽视技术生存与人性生存可共同发展的价值理念。而预警推进型的政策态度则认为当下的科学检测未发现风险可尝试推进转基因作物产业化，但应建立起预警的审批程序。这种政策态度较为中肯，但应警惕这种价值取向下的相关行政主体是否切实扮演好了"守夜人"的角色，以给予公众庇护。由此，对于转基因作物产业化公共决策应当审慎推进，相关各群体应积极沟通协调，以真正形成技术促进人类福祉的良好环境，这样才能体现价值伦理。

（六）对于转基因作物产业化公共决策伦理应当将其落实到具体践行中

这是理论研究的核心目的，即最终服务于现实问题的解决。在认知诚信、利益公正、程序民主的理念指导下，从伦理审查、长效追踪、有效监督、失职处罚、媒体责任、交流沟通、利益协调、信任共建这8项机制去探索、解决转基因作物产业化公共决策的伦理困境，这亦是从制度、机制的角度明确问题的边界以力求避免转基因作物在技术层面、公共决策伦理层面的风险。在此基础上，可从科普方式优化、构建专门的转基因作物商业法、溯源管理机构责任、规范媒体报道责任的具体途径上去落实、深化，以确立转基因作物产业化审慎、安全的发展路径。

二、转基因作物产业化研究面临的难点

客观而言，转基因作物产业化关涉基因技术，且该技术也在不断完善进步中。然而，除了技术层面的问题，转基因作物产业化依然存在违规操作应用的现象。面对粮食、农贸、科技等相关领域的诉求，转基因作物产业化确实存在一定的迫切性。如何处理好技术、决策、公众可接受、监管等方面的问题，是转基因作物产业在践行方面的重点和难点。同时，对该问题的研究也存在着难点：因为做一项综合描述性和解释性研究，较之单纯的描述性研究，这本身就具有一定难度。本书所研究的转基因作物产业化，从时间轴划分，存在技术从实验室到商业种植、到生产出市场化的产品，再到规模化、产业化应用等多个方面的内容。同时，其技术的不确定性、利益冲突及公共决策商讨等问题焦点涉及面非常广泛，要获取第一手的文献资料比较困难，整理并分析这些文献，亦是一件十分艰巨的任务。此外，该公共决策是一个实践性强又较为敏感的课题。然而，本书所探讨的公共决策伦理又是比较抽象的理论，而将伦理转化为可衡量的指标、数据较为困难。所以，本书主要采取的是规范性的研究方法，因此也会存在研究方法上的局限。此外，从公共决策的角度来分析科技专家、生物技术公司等利益集团、公众及公共机构等主体的博弈策略和价值伦理性等相关问题，进而将更深层次的伦理精神挖掘出来，这需要研究者具备很深厚的理论知识，这是一个极大的挑战。

三、转基因作物产业化研究的未来及展望

客观来说，目前研究转基因作物产业化的成果比较丰富，但在理论讨论层面，大多数成果只是从泛泛的伦理原则、社会影响进行分析，或者仅从媒体科学传播的影响、相关利益视域单独分析。而本书则系统梳理了政策科学、功利主义、道义主义、STPP 以及伦理学这些相关研究中有关公共决策伦理的理论，提出了将后常规科学话语互动满意人理念作为转基因作物产业化公共决策的理论框架和践行路径。同时，在实践层面，对该公共决策相关的科技专家、普通公众、生物技术公司等利益集团及公共机构等主体进行了具体问题探析。此外，明确了转基因作物产业化公共决策伦理困境存在不确定性认知、安全性评价、参与主体资格争议、信息公开性、利益冲突、民主商讨等现实层面的焦点问题，并在此基础上讨论了认知诚信、利益公正、程序民主的伦理精神，还进一步研究了该公共决策伦理的落实问题。这些都是本书理论研究的旨趣，即最终对现实问题进行解决性路径指引。同时，这对公共政策学、科技伦理、科技社会等研究学科在研究对象和研究重点层面亦具有意义。

由于研究主旨、研究条件及个人能力所限，本书未能对诸多相关问题进行深入研究，现分别从科技领域公共决策伦理的角度、转基因作物产业化具体实践路线的角度、公众对科技知识认知的角度列出三个方面的主要内容作为对转基因作物产业化未来发展的展望以及自身继续努力的方向。

（一）科技应用公共决策伦理的致毁知识反思问题

致毁知识这一概念直指科技知识增长已经失控，对人类社会造成的风险是累积的，最终形成的结果可能是不可逆的人类灾难[①]。但吊诡的局面是：一方面我们在讨论科技负面性，然而，另一方面科技应用的公共决策仍在继续进行并在快速朝前发展。这是一种僵局，即讨论归讨论，但在各利益团体的驱动下仍无法停下步伐，而是边争议边推进。因此，在未来的研究中，除了进行利益偏好的理论分析，还应当讨论人类对研发和享用科技的理念问题，并在思想根源上寻求答案指向。分析学、逻辑学曾提到过科技对人类原有幸福信念造成的影响。人们在乎技术带来的物质享受和自身能力的拓展，却反而失去了信仰[②]。任何技术只能是在一定时代、一定境遇下去解决问题，却无法真正实现人类的终极目标，这是我们必须认清也必须正视的事实。只有认识到这一点，才能在后期研究中从思想、信仰、复杂性等根源性问题出发进行探索。因为人类在自然、社会、科技等领域确实发现了复杂性、不确定性等问题，如果不能从思想根源、认识论等角度来观察、理解转基因作物产业化的本质，就不能认识到科技与公共决策伦理之间的深刻关联。

（二）转基因作物产业化实践方式的问题

除了探讨其安全层面的问题，我们还应当将疑虑消除在具体的安全实验、分步骤试点等实践中。"光说不练"并不能解决如何提升检测方法和如何施行产业化试点等问题。尽管目前陆续开展了实验、评估、试点等活动，但转基因作物产业化还应更为全面、更大力度推进这些践行活动。例如，对转基因作物的安全评价，应对其研发、种植过程以及最后的成分检测都进行全面的实验。同时，还应启动三代繁殖试验等指标来评估其安全问题。从全面实验、临

---

① 刘益东：《灰科学与灰创新系统：转基因产业快速崛起的关键因素》，《自然辩证法通讯》2012年第5期。

② 李蕾：《基因凶猛》，上海文化出版社2012年版，第50页。

床实验以及历时实验去解决现有评价不足的问题。而在具体应用层面，可采取分步骤、试点等方法来慎重推进。例如，先考虑转基因作物技术应用的产业化需求，重点解决制约农业发展抗病抗虫、节水抗旱、高产优质等瓶颈问题。而其形成的产品则可按照"非食用→间接食用→食用"的应用路线图来分步骤推进：首先发展非食用的经济作物，其次是饲料作物、加工原料作物，再次是一般食用作物。还有一点也非常值得重视，即从研发、品种审定到生产流通，更要防止转基因种子非法扩散 [①]，因为这也是转基因作物产业化的安全隐患之一。尽管这些践行工作在逐步推进，但还应继续细化完善。客观来说，对于转基因作物产业化，我们应当审慎对待。完全打压或激进推行都是不科学、不理性的行为，唯有具体探讨如何落实安全评价、如何进行稳妥的应用步骤，才能解决转基因作物产业化"口水战"的僵局，而这恰恰又是还需进一步推进的领域。

（三）公众对科技知识认知的问题

公众要有效参与科技领域的公共决策，自身就应当拥有相关的科学素养和相对理性的意见。目前的科普宣传等方式对于公众科技能力的提升好像并无明显效果。同时，这容易造成单向度的知识传播并造成要求公众理解科技而不是商讨方案的局面。由此，对公众认知科技知识的问题探讨还应从公众学习能力与感知风险的角度、从支撑公众参与的制度角度、从媒体对知识的传播方式的角度去深入分析。此外，公众能否认知和接受这种知识，进而形成"公共知识"去监督和探讨公共决策的合法性、公正性等问题也是应当继续深入探求的问题。对这些问题的解答将为今后转基因作物产业化的实践工作提供广泛的空间。

---

① 夏冠男、林晖：《转基因发展再获推动》，中国社会科学网，http://www.cssn.cn/jjx/jjx_gdxw/201608/t20160810_3157629.shtml.

参考文献

中文文献

〔美〕希拉·贾萨诺夫著，尚智丛译：《自然的设计——欧美的科学与民主》，上海交通大学出版社 2011 年版。

〔法〕埃德加·莫兰著，陈壮译：《复杂思想：自觉的科学》，北京大学出版社 2001 年版。

〔美〕罗尔斯著，何怀宏等译：《正义论》，中国社会科学出版社 1988 年版。

〔美〕威廉·邓恩著，谢明等译：《公共政策分析导论》，中国人民大学出版社 2010 年版。

史军：《伦理学与公共管理》，气象出版社 2012 年版。

〔德〕费希特著，梁志学、李理译：《伦理学体系》，商务印书馆 2014 年版。

姜振寰：《技术哲学概论》，人民出版社 2009 年版。

李瑞昌：《风险、技术与公共政策》，天津人民出版社 2006 年版。

刘柳：《转基因作物产业化的公共决策伦理问题》，《集美大学学报（哲学社会版）》2017 年第 1 期。

李正风、尹雪慧：《科学家应该如何参与决策》，《科学与社会》2012 年第 2 期。

杨立华、李晨、唐璐：《学者危机和学者身份重塑》，《公共管理与政策评论》2014 年第 4 期。

方卫华：《自我利益与社会规范：社会科学中的三次革命》，《学海》2006 年第 4 期。

潘建红：《转基因作物的风险与伦理评价》，《北京科技大学学报（社会科学版）》2009 年第 2 期。

刘旭霞、欧阳邓亚：《日本转基因食品安全法律制度对我国的启示》，《法治研究》2009 年第 7 期。

马述忠：《试论我国转基因农产品贸易政策目标的选择》，《国际商务研究》2003 年第 3 期。

程国斌：《人类基因干预技术伦理研究》，中国社会科学出版社 2012 年版。

〔英〕贝尔纳著，陈体芳译：《科学的社会功能》，广西师范大学出版社 2003 年版。

柴卫东：《生化超限战——转基因食品和疫苗的阴谋》，中国发展出版社 2012 年版。

〔美〕杰弗里·史密斯著，高伟、林文华译：《种子的欺骗——揭露美国政府和转基因工业的欺骗》，江苏人民出版社 2011 年版。

〔法〕玛丽-莫妮克·罗宾著，吴燕译：《孟山都眼中的世界——转基因神话及其破产》，上海交通大学出版社 2009 年版。

〔美〕弗朗西斯·麦卡伦那著，何鸣鸿译：《科研诚信》，高等教育出版社 2011 年版。

〔美〕希拉·贾萨诺夫著，陈光译：《第五部门——当科学顾问成为政策制定者》，上海交通大学出版社 2011 年版。

杨青平：《转基因解析》，河南人民出版社 2014 年版。

〔美〕希拉·贾萨诺夫著，盛晓明译：《科学技术论手册》，北京理工大学出版社 2004 年版。

〔德〕奥特弗里德·赫费著，邓安庆、朱更生译：《作为现代化之代价的道德》，上海世纪出版集团 2005 年版。

刘大椿：《科学技术哲学导论》，中国人民大学出版社 2005 年版。

〔瑞士〕海尔格·诺沃特尼等著，冷民等译：《反思科学》，上海交通大学出版社 2011 年版。

〔古希腊〕亚里士多德著，吴寿彭译：《政治学》，商务印书馆 1965 年版。

毛新志、任思思：《转基因作物产业化伦理治理的特质初探》，《华中科技大学学报（社会科学版）》2012 年第 3 期。

〔美〕特里·L.库珀著，张秀琴译：《行政伦理学：实现行政责任的途径》，中国人民大学出版社 2001 年版。

肖显静、陆群峰:《国家农业转基因生物安全政策合理性分析》,《公共管理学报》2008 年第 1 期。

王旭静、贾士荣:《国内外转基因作物产业化的比较》,《生物工程学报》2008 年第 4 期。

杨印生等:《美国、欧盟、日本对转基因作物的态度与政策比较及对我国的启示》,《生态经济》2008 年第 7 期。

付仲文、寇建平、田志宏:《安全视角下我国转基因种子产业化发展分析》,《南京农业大学学报》2014 年第 3 期。

〔英〕边沁著,时殷弘译:《道德与立法原理导论》,商务印书馆 2000 年版。

〔美〕弗兰克著,何意译:《伦理学导论》,广西师范大学出版社 2002 年版。

郭于华:《透视转基因:一项人类学视角的探索》,《中国社会科学》2004 年第 5 期。

〔美〕威廉·弗兰克纳著,黄伟合等译:《善的求索——道德哲学导论》,辽宁人民出版社 1987 年版。

何怀宏:《伦理学是什么》,北京大学出版社 2002 年版。

米丹:《科技价值体系研究》,《理论与实践》2003 年第 5 期。

万俊人:《论道德目的论与伦理义务论》,《学术月刊》2003 年第 1 期。

曾北危:《转基因生物安全》,化学工业出版社 2004 年版。

王惠岩:《政治学导论》,商务出版社 1996 年版。

胡象明:《政策与行政——过程及其理论》,北京大学出版社 2008 年版。

〔美〕特里·L.库伯著:《行政伦理学手册》(英文原文影印版),马塞·得克公司 1994 年版。

〔美〕保罗·萨缪尔森、诺德豪斯著,萧琛译:《宏观经济学》,人民邮电出版社 2008 年版。

马越:《转基因作物技术风险伦理》,《伦理学研究》2015 年第 3 期。

张永强、姚立根:《基因工程伦理学》,高等教育出版社 2014 年版。

〔德〕舍勒著,林克译:《舍勒选集(上)》,上海三联书店 1999 年版。

〔法〕卢梭著,何兆武译:《社会契约论》,商务印书馆 2003 年版。

〔美〕丹尼尔·贝尔著,赵一凡等译:《资本主义文化矛盾》,生活·读书·新知三联书店 1989 年版。

〔美〕戴维 J.弗里切著，杨斌、石坚、郭阅译：《商业伦理学》，机械工业出版社 1999 年版。

陈玲、薛澜、赵静等：《后常态科学下的公共政策决策——以转基因水稻审批过程为例》，《科学学研究》2010 年第 9 期。

刘永谋：《行动中的密涅瓦——当代认知活动的权力之维》，西南交通大学出版社 2014 年版。

刘益东：《灰科学与灰创新系统——转基因产业快速崛起的关键因素》，《自然辩证法通讯》2012 年第 5 期。

刘益东：《致毁知识与科技危机——知识创新面临的最大挑战与机遇》，《未来与发展》2014 年第 4 期。

刘益东：《试论科学技术知识增长的失控》，《自然辩证法研究》2002 年第 4 期。

徐治立：《基因科技的二重性及其社会意义》，《自然辩证法研究》2002 年第 3 期。

卢风：《科技、自由与自然——科技伦理与环境伦理前沿问题研究》，中国环境科学出版社 2011 年版。

〔瑞士〕托马斯·伯纳尔著，王大明、刘彬译：《基因、贸易和管制——食品生物技术冲突的根源》，中国社会科学出版社 2011 年版。

徐治立：《科技政治空间的张力》，中国社会科学出版社 2006 年版。

〔德〕汉斯·约纳斯著，张荣译：《技术、医学与伦理学——责任原理的实践》，上海译文出版社 2008 年版。

刘则渊、杨春平：《科技安全预警系统》，《中国科技论坛》2006 年第 1 期。

〔美〕R.K.默顿著，曹曙东译：《科学社会学》，商务印书馆 2003 年版。

罗伟：《科技政策研究初探》，知识产权出版社 2007 年版。

王前：《技术伦理通论》，中国人民大学出版社 2011 年版。

徐治立：《技术风险伦理基本问题探讨》，《科学技术哲学研究》2011 年第 10 期。

〔英〕史蒂夫·富勒著，刘钝译：《科学的统治》，上海科技教育出版社 2004 年版。

〔英〕阿尔弗雷德·马歇尔著，李琦译：《经济学原理》，湖南文艺出版社 2012 年版。

罗依平:《深化我国政府决策机制的若干思考》,《政治学研究》2011 年第 4 期。

〔美〕约翰·罗尔斯著,何怀宏、何包钢、廖申白译:《正义论》,中国社会科学出版社 2001 年版。

〔美〕哈罗德·拉斯韦尔著,杨昌裕译:《决策科学的未来》,商务印书馆 1992 年版。

〔古希腊〕亚里士多德著,吴寿彭译:《政治学》,商务印书馆 1996 年版。

余玉花、杨芳:《公共行政伦理学》,上海交通大学出版社 2007 年版。

冯之浚:《决策研究与软科学》,浙江教育出版社 2013 年版。

〔美〕安东尼·吉登斯等著,尹宏毅译:《现代性》,新华出版社 2000 年版。

〔德〕乌尔里希·贝克著,吴英姿,孙淑敏译:《风险社会》,南京大学出版社 2004 年版。

〔美〕S.O. 福特沃兹,J.R. 拉维茨:《后常规科学的兴起（上）》,《国外社会科学》1995 年第 10 期。

〔美〕赫伯特·西蒙著,詹正茂译:《管理行为》,机械工业出版社 2014 年版。

〔美〕玛丽·福莱特著,马国泉译:《新国家：群体组织,建立受人欢迎的政府途径》,复旦大学出版社 2008 年版。

董志强:《话语权力与权力话语》,《人文杂志》1999 年第 4 期。

竺乾威:《公共行政理论》,复旦大学出版社 2008 年版。

〔美〕查尔斯·J. 福克斯、休·T. 米勒著,楚艳红等译:《后现代公共行政：话语指向》,中国人民大学出版社 2013 年版。

徐治立、刘柳:《中国转基因作物产业化决策伦理共识路径探讨——基于互动满意人理念分析》,《中国科技论坛》2017 年第 5 期。

毛新志:《我国转基因主粮产业化的伦理困境》,《中共天津市委党校学报》2011 年第 6 期。

经济合作与发展组织农业部科技发展中心编译:《转基因作物 OECD 共识文件》(卷一),中国农业出版社 2010 年版。

曾北危:《转基因生物安全》,化学工业出版社 2004 年版。

金微:《转基因争论背后的鬼魅身影》,《绿叶》2010 年第 10 期。

〔美〕杰里米·里夫金:《生物技术世纪：用基因重塑世界》,上海科技教育出版社 2000 年版。

徐宗良、刘学、瞿晓敏：《生命伦理学——理论与实践探索》，上海人民出版社 2002 年版。

刘述良：《复杂性视野下转基因政策风险区别组合管理》，《南京农业大学学报》 2010 年第 4 期。

顾秀林：《转基因战争：21 世纪中国粮食安全保卫战》，知识产权出版社 2011 年版。

《中国大百科全书·哲学卷》，中国大百科全书出版社 1982 年版。

〔英〕亚当·斯密：《国民财富的性质和原因的研究》(上卷)，商务印书馆 1972 年版。

《马克思主义哲学全书》，中国人民大学出版社 1996 年版。

〔英〕密尔著，余庆生译：《论自由》，中国法制出版社 2009 年版。

〔美〕阿尔蒙德著，曹沛霖译：《比较政治学》，上海译文出版社 1987 年版。

肖显静：《转基因技术生物完整性损害伦理拒斥的正当性分析》，《中国社会科学》2016 年第 2 期。

曾北危：《转基因生物安全》，化学工业出版社 2004 年版。

张辉：《生物安全法律规制研究》，厦门大学出版社 2009 年版。

毛新志：《转基因食品的伦理问题研究综述》，《哲学动态》2004 年第 8 期。

朱俊林：《转基因食品安全不确定性决策的伦理思考》，《伦理学研究》2011 年第 6 期。

〔美〕尼古拉斯·雷舍尔著，吴彤译：《复杂性——一种哲学概观》，上海世纪出版集团 2007 年版。

〔美〕斯蒂芬·罗斯曼著，李创同、王策译：《还原论的局限》，上海世纪出版集团 2006 年版。

刘信：《转基因产品溯源》，中国物资出版社 2011 年版。

米丹：《科技风险的历史演变及其当代特征》，《东北大学学报(社会科学版)》 2011 年第 1 期。

徐治立、刘柳：《实质等同性原则缺陷与转基因作物安全评价原则体系构建》，《自然辩证法研究》2017 年第 8 期。

欧庭高、王也:《关于转基因技术安全争论的深层思考》,《自然辩证法研究》2015 年第 1 期。

卢宝荣等:《转基因的逃逸及生态风险》,《应用生态学报》2003 年第 6 期。

〔英〕E.A.约翰森:《一个科学家的成长》,《科学与哲学研究资料》1986 年第 2 期。

徐治立:《学术自由研究的意义》,《自然辩证法研究》2005 年第 1 期。

顾秀林:《绿色革命和转基因种子的另一面》,《中国禽业导刊》2009 年第 3 期。

中共中央马恩列斯著作编译局译:《资本论》,人民出版社 2004 年版。

〔法〕爱弥尔·涂尔干著,渠东译:《职业伦理与公共道理》,上海人民出版社 2001 年版。

陈光、温珂:《专家在科技咨询中的角色演变》,《科学学研究》2008 年第 2 期。

〔美〕汉密尔顿、杰伊、麦迪逊著,程逢如译:《联邦党人文集》,商务印书馆 1980 年版。

王伟、鄯爱红:《行政伦理学》,人民出版社 2005 年版。

〔美〕约翰·巴里著,张淑兰译:《抗拒的效力:科技公民》,《文史哲》2007 年第 1 期。

俞可平:《公民参与的几个理论问题》,《学习时报》2006 年 12 月 18 日。

许玉镇:《公众参与政府治理的法治保障》,社会科学文献出版社 2015 年版。

〔美〕约翰·克莱顿·托马斯著,孙柏瑛等译:《公共决策中的公民参与》,中国人民大学出版社 2005 年版。

〔美〕卡罗尔·佩特曼著,陈尧译:《参与和民主理论》,上海人民出版社 2006 年版。

贾鹤鹏:《谁是公众?如何参与?》,《自然辩证法研究》2014 年第 11 期。

〔美〕格罗弗·斯塔林著,陈宪等译:《公共部门管理》,上海译文出版社 2003 年版。

胡仙芝:《政务公开与政治发展研究》,中国经济出版社 2005 年版。

刘杰:《知情权与信息公开法》,清华大学出版社 2005 年版。

张国庆:《行政管理学概论》,北京大学出版社 2000 年版。

展进涛、石成玉、陈超:《转基因生物安全的公众隐忧与风险交流的机制创新》,《社会科学》2013 年第 7 期。

杨中芳、彭泗清：《中国人际信任的概念化》，《社会学研究》1999 年第 2 期。

麦克卢汉著，何道宽译：《理解媒介》，译林出版社 2011 年版。

王超群：《转基因议题的公众网络风险沟通研究》，《贵州师范大学学报（社会科学版）》2015 年第 6 期。

张明杨、展进涛：《信息可信度对消费者转基因技术应用态度的影响》，《华南农业大学学报（社会科学版）》2006 年第 1 期。

谭功荣：《西方公共行政学思想与流派》，北京大学出版社 2008 年版。

〔英〕卡尔·波普尔著，傅季重等译：《猜想与反驳》，中国美术学院出版社 2003 年版。

〔英〕安东尼·吉登斯著，田禾译：《现代性的后果》，译林出版社 2000 年版。

李杰、张福成、王文泉等：《高等植物启动子研究》，《生物技术通讯》2006 年第 4 期。

宋扬、周军会、张永强：《植物组织特异性研究》，《生物技术通报》2007 年第 5 期。

〔英〕安东尼·吉登斯著，赵旭东译：《现代性与自我认同》，生活·读书·新知三联书店 1999 年版。

〔德〕马克斯·韦伯著，冯克利译：《学术与政治》，生活·读书·新知三联书店 1992 年版。

[加]威尔·金里卡著，刘莘译：《当代政治哲学》，上海译文出版社 2015 年版。

夏冰：《技术创新管理伦理矛盾研究》，《科技进步与对策》2013 年第 8 期。

庄德水：《利益冲突问题》，《上海行政学院学报》2010 年第 5 期。

〔美〕尼古拉斯·亨利著，张昕等译：《公共行政与公共事务（第 8 版）》，中国人民大学出版社 2002 年版。

〔美〕约翰·罗尔斯著，何怀宏等译：《正义论》，中国社会科学出版社 1988 年版。

〔美〕乔治·弗雷德里克森著，张成福等译：《公共行政的精神》，中国人民大学出版社 2003 年版。

万俊人：《论正义之为社会制度的第一美德》，《哲学研究》2009 年第 2 期。

〔美〕乔治·施蒂格勒著：《经济管制理论》，中信出版社 2006 年版。

刘柳：《转基因作物产业化决策理念探析》，《四川行政学院学报》2016 年第 6 期。

唐贤兴、王竞暗:《转型期公共政策的价值定位:政府公共管理中功能转换的方向与悖论》,《管理世界》2004 年第 10 期。

〔印〕阿马蒂亚·森著,王宇、王文玉译:《伦理学与经济学》,商务印书馆 2000 年版。

〔美〕威廉·恩道尔著,赵刚等译:《粮食危机》,知识产权出版社 2008 年版。

万里:《科学的社会建构》,天津人民出版社 2002 年版。

〔德〕汉斯·约纳斯著,张荣译:《技术、医学与伦理学——责任原理的实践》,上海译文出版社 1970 年版。

〔法〕让-埃诺尔·卡普费雷著,郑若麟译:《谣言——世界最古老的传媒》,上海人民出版社 2008 年版。

刘柳、徐治立:《转基因作物产业化与行政伦理进化》,《理论与改革》2016 年第 3 期。

《亚里士多德全集》第八卷,中国人民大学出版社 1992 年版。

唐代兴:《公正伦理与制度道德》,人民出版社 2003 年版。

〔美〕文森特·奥斯特罗姆著,毛寿龙译:《美国公共行政的思想危机》,上海三联书店 1999 年版。

韩强:《程序民主论》,群众出版社 2002 年版。

〔美〕约翰·奈斯比特著,梅艳译:《大趋势》,外文出版社 1996 年版。

〔英〕霍布斯著,黎思复、黎廷弼译:《利维坦》,商务印书馆 1985 年版。

周锦培、刘旭霞:《转基因作物产业化的监管体系评析》,《岭南学刊》2010 年第 6 期。

肖显静、陆群峰:《国家农业转基因生物安全政策分析》,《公共管理学报》2008 年第 1 期。

马奔、李珍珍:《后常规科学下转基因技术决策与协商式公民参与》,《江海学刊》2015 年第 2 期。

李正风、尹雪慧:《科学家应该如何参与决策》,《科学与社会》2012 年第 1 期。

《中国大百科全书》,中国大百科全书出版社 1982 年版。

高国希:《道德哲学》,复旦大学出版社 2005 年版。

《马克思选集》第 1 卷,中国人民大学出版社 1995 年版。

刘汉俊:《文化的颜色》,中国人民大学出版社 2013 年版。

陈庆云、曾军荣、鄞益奋:《比较利益：公共管理研究中的人性假设》,《中国行政管理》2005 年第 6 期。

〔英〕密尔著,汪宣译:《代议制政府》,商务印书馆 1997 年版。

苗青:《伦理审查性质探讨》,《中国医学伦理学》2012 年第 10 期。

陈振明:《公共政策分析》,中国人民大学出版社 2003 年版。

〔美〕乔治·霍兰·萨拜因著,盛葵阳、崔妙因译:《政治学说史》(下卷),商务印书馆 1986 年版。

杨德威:《欧洲的媒体问责》,《中国记者》2003 年第 12 期。

孙立平:《博弈——断裂社会的利益冲突与和谐》,社会科学文献出版社 2006 年版。

张保明:《技术也需要治理》,《国外科技动态》2001 年第 10 期。

肖显静:《决策中的科技专家：技治主义还是诚实代理人?》,《山东科技大学学报（社会科学版）》2011 年第 8 期。

胡志强、肖显静:《公众理解科学》,《工程研究》2003 年第 2 期。

吴振、顾宪红:《国内外转基因食品安全管理法律法规概览》,《四川畜牧兽医》2011 年第 4 期。

《探索转基因作物审批》,食品科技网,http://www.tech-food.com/news/detail/n1227823.htm.

苏锐:《转基因作物检测新进展》,《化学通报》2012 年第 2 期。

李文瑛、徐谷波:《转基因食品安全管理存在的问题》,《沈阳农业大学学报（社会科学版）》2013 年第 4 期。

刘柳、徐治立:《专家参与危机管理中的信任失灵与策略转换》,《北京航空航天大学学报（社会科学版）》2015 年第 2 期。

刘圣中:《公共治理的自行车难题：政府规制的信息、风险和价格要素分析》,《公共管理学报》2006 年第 4 期。

刘益东:《灰科学与灰创新系统：转基因产业快速崛起的关键因素》,《自然辩证法通讯》2012 年第 5 期。

李蕾:《基因凶猛》,上海文化出版社 2012 年版。

外文文献

Philip Kitcher. *Science, Truth, and Democracy* [M]. Oxford: Oxford University Press 2001:33.

Ulrich Beck. *Risk Society: Towards a New Modernity* [M].London: Sage, 1992:36.

Gostin L, Mann J. 1999. *Toward the Development of a Human Rights Impact Assessment for the Formulation and Evaluation of Public Health Policies.* In Mann J, Gruskin S, Grodin M, et al. *Health and Human Rights: A Reader*[M]. NewYork: Routledge:45.

Macer Darry. Food, Plant Biotechnology and Ethics, in International Bioethics Committee of UNESCO, Proceedings of the Forth Session, October 1996, Volume 1: 1-22.

George Gaskell, Martin W Bauer, John Durant. et, al. Words Apart? The reception of Genetically Modified Foods in Europe and the U.S. [J]. Science, 1999.:67.

Claire Mcinemey, Nroa Bird, Mary Nucci. The flow of Scientific Knowledge from Lab to the Lay Public [J].Science communication, 2004:45.

S. Funtowiezi, J. Ravetzi. Uncertainty, Complexity and Post-Nomal Science [J]. Environment toxicology and chemistry, 1994, 13(12): 1881-1885.

Lucia Savadori, Stefania Savio, Eraldo Nicotra. et, al. Experts and Public Perception of Risk from Biotechnology [J]. *Risk Analysis,* 2004, (5):24.

Stephen.*GM Corps: Ethical Issues*[M].London:Zed Book Ltd,1999:36.

Lewis,C.W. *The Ethics Challenge in Public Service: A Problem-Solving Guide*[M]. San Francisco: Jossey-Bass,1991:25.

Rest J R. *Moral Development: Advances in Research and Theory* [M]. New York: Praeger, 1986:67.

Collingridge D. *The Social Control of Technology* [M]. Milton Keynes, UK: Open University Press, 1980:76.

Keekok Lee. *Natural and Artefactual: Implications of Deep Science and Deep Technology for Environmental Philosophy* [M].Lanham: Lexington Books, 1999:26.

Rothman K.. *Conflict of Interest: The new Mc Carthyism in science*[J].

JAMA,1993,(21):33.

Harvey Brooks, The Scientific Adviser, in Robert Gilpin and Christopher Wright, eds., *Scientists and National Policy-Making*[M].(New York: Columbia University Press, 1964:36.

Thomas O. McGarity, "*Substantive and Procedural Discretion in Administrative Resolution of Science policy Questions: Regulating Carcinogens in EPA and OSHA,* " [J] Georgetown Law Review 1979:37.

Sei- hill Kim. Pathways to support genetically modified foods[J].Current opinion in biotechnology,2006(7):1-5.

Madhu Kamle, Pradeep Kumar, Jayanta Kumar Patra, Vivek K. Bajpai.. Current perspectives on genetically modified crops and detection methods[J]. *Biotech*,2017(3):1-15.

Chinreddy Subramanyam Reddy, Seong-Cheol Kim, Tanushri Kaul.Genetically modified crops role in sustainable plant and animal nutrition and ecological development: a review[J].Biotech,2017(3):13.

Batista.Facts and fiction of genetically modified food [J].*Trends in Biotechnology*,2009(5):277-286.

Ajzen I. The Theory of Planed Behavior[J].*Organizational Behavior and Human Decision Processes,*1991(2):24.

Velasquez,MG, Rostankowski,C. *Ethics: Theory and Practice*[M].Englewood Cliffs, NJ:Prentice Hall, 1985:36.

Thompson,D. Political Ethics and Public Office[M]. Cambridge, Mass.:Harvard University Press,1987:27.

Sven Hansson. Risk:Objective or Subjective[J].*Journal of Risk Research,* Volume13, Issue2,2010:231-238.

Piet Srdom Buckingham. *Risk and Society*[M].Open University Press,2002:75.

F.Ewald. *Insurance and Risk*[M].London: Havester Wheatsheaf,1999:12.

Mauron, A. Ethics and the Ordinary Molecular Biologist. In: W. R. Shea and B. Sitter (eds.). Scientists and their Responsibility [M]. Canton: Watson Publishing International.1989:252.

Goven J. Scientific Citizenship and Royal Commission on Genetic Modification[J]. *Science Technology& Human Values,*2006,31(5):565-598.

Lubman N.1979,Trust and Power, [M]. Chichester: John Wiley & Sons Ltd:76.

Baucer M W. Controversial Media and Agri-food Biotechnology: A Cultivation Analysis[J]. *Public Understanding of Science,*2002(2):61.

Druckman J N, Bolsen T. Framing, motivated reasoning, and opinions about emergent technologies[J].*Journal of Communication,*2011,61(4):659-688.

Samuel P.Huntington.*Political Order in Changing Societies*[M].New Haven: Yale University Press,2006.

Funtowicz, Ravetz. *Uncertainty and Quality in Science for Policy*[M]. Netherlands:Kluwer, 2009:99-102.

Milliken F J. Three Types of Perceived Uncertainty[J].*Management Review*, 1987,12(1):133-143.

Lawrence P R.Differentiation and Integration[J].*Administrative Science Quarterly,* 1967,12(1):1-47.

Fjelland R. Facing the Problem of Uncertainty[J].*Journal of Agricultural and Environmental of Ethics*,2002(15):155-169.

Netherwood T, Martinoroe SM, O' Donnell AG, et al. Assessing the survival of transgenic plant DNA in the human gastrointestinal tract [J]. *Nature Biotechnology,* 2004(2):37.

Barrett, Susan. *Policy and Action*[M].London:Methuen,1981:48.

Martin M W. *Ethics in Engineering*[M]. New York, MoGrawHill,2005:31.

Sheingate H I. The Evolution of Biotechnology Policy [J]. *Political Science,* 2006, 36(2): 243-268.

Emily Marden. *Risk and Regulation*[M]. B.C.L. Rev: 2003, 733.

Kunreuther H. Science, Value and Risk[J]. *Political and Social Science,* 1996(5): 116-125.

Miller H. I. Food Produced with New Biotechnology[J]. *Journal of Public Policy & Marketing,* 1995, 36(2): 243-268.

Gaius. Institutes of Roman Law, In Franklin G. Miller, Alan Wertheimer ed.

The Ethics of Consent: Theory and Practice[M],Oxford:Oxford University Press,2010:22.

Reed. A.K.Overview and Risk Communication[C].Nanjing Agricultrue University, Nanjing, China:22.

Andersen I E, Birgit J.Case Scenario Workshop and Consensus Conferences[J]. *Science and Public Policy,*1999,26(5):331-340.

Kenyon, Wendy.Enhancing Environmental Decision-Making Using Citizens' Field Jury[J].*Local Environment*,2003(2):8.

Perri 6. Joint-up Government in West World in Comparative Perspective[J]. *Journal of Public Administration Research,* 2004(1):21.

后 记

本书是在笔者博士论文的基础上进行完善的，所以，首先要感谢笔者的导师徐治立教授，本书得以成型，离不开老师的悉心指导。谢谢老师将我引领至科技与公共政策的研究领域。同时，感谢笔者的父母及家人，不论是原生三口之家还是大家庭的亲戚们，你们都给予了笔者无尽的爱和勇气。感谢中共中央党校出版社对本书的帮助，让笔者能够有机会再静下来对科技—决策—人性进行思考。此外，笔者还要感谢北京航空航天大学公共管理学院的胡象明教授、感谢在伦敦政治经济学院访学的合作导师 Richard Bradley 教授给我的睿智建议和关怀。另外，对《自然研究辩证法》《中国科技论坛》《理论与改革》《科学技术哲学研究》等期刊的编辑老师、匿名专家提出的中肯建议，在此一并表示感谢。

行文至此，不得不感叹时光的飞逝，作为"青椒"在工作中、科研中又有很多的感触。这些感触依然有共同点：踏实做人，静心做学问。感谢中共南京市委党校提供的研究环境。同时，也希望有更多人能客观思考讨论科技与公共决策相关的价值伦理问题。

刘柳

2020 年 11 月

附　录

　　客观而言，转基因技术并不新鲜，但对其讨论却一直热烈。我们始终认为科学应求真求善，谋求人类的最大福祉。然而，在实际运行中，科技与政治、经济、社会、文化等领域互动，或可能呈现"好树结出坏果子"的现象。本文仅聚焦于转基因作物技术，从伦理、决策、公共政策的理论角度分析其在安全性认知、参与主体利益多元、信息公开性等层面存在的应用困境以及需秉持的伦理和决策原则。以下选取的关于转基因作物产业化的相关资料，是近年转基因作物产业化发展的典型"图景"的呈现，从"我们为什么需要转基因""转基因食品安全吗""转基因科技——科学共识不确定性的公众沟通"的逻辑展开。这 3 个资料作为对本书讨论内容的补充和科普，以让抽象的伦理问题更好理解和阐释。

一、我们为什么需要转基因？
——选自《科学世界》2016 年第 2 期

　　转基因技术已经有 40 年的历史。虽然转基因技术在飞速发展，但人类依然对它心存疑虑：我们真的需要转基因吗？对于转基因，我们需要了解更多。

　　良种培育依赖转基因根据联合国粮农组织（FAO）的研究表明：国际粮食总产增长的 80% 依赖于单产水平提高，而单产提高的 60% ～ 80% 来源于良种的贡献。在 20 世纪 60 年代，育种学家们通过杂交技术，成功研发了矮秆型小麦和水稻，使得这两种作物的单产提高了 20% ~ 30%，被称为"第一次绿色革命"。在中国，袁隆平发展了三系法杂交水稻，使得我国水稻单产也提高了 20% ~ 30%，并获得国家最高科学技术奖。如今，我国粮食生产的良种覆盖率达 95% 以上，良种对粮食增产的贡献率达 40%。

但是，随着重要基因资源的不断挖掘，杂交育种的局限性也逐步显现。特别是杂交必须建立在有性繁殖的基础上，无法引入不能与作物杂交的物种的优良基因。这使得近十多年来，我国主要农产品的单产一直无法更进一步。

而由现代分子生物学发展出来的转基因技术，完全突破了杂交育种的局限，引领着"第二次绿色革命"。美国的玉米种植面积（5.5 亿亩）和我国（5.45 亿亩）相近，但总产量却比我国高 50% 以上，主要原因就在于美国采用转基因育种等一系列科学手段，在十多年间，就让玉米单产提高了 30%。而大豆的对比更是明显，美国的单产水平比我国高 70%，同样使用转基因良种的阿根廷、巴西等国也较我国高 50% 以上。国外推测，到 2030 年，我国的粮食缺口将达 1.4 亿吨，这意味着需要将粮食单产从目前的每亩 344 公斤提高到 430 公斤，增长 25%。从目前的技术手段来看，转基因育种是必须的。

1996—2013 年，种植转基因作物为粮食安全、可持续性发展及减缓气候变化做出了贡献：增加了超过 4.42 亿吨农作物产量；节省了 5 亿公斤的农药，更好地维护了环境；2013 年一年就减少了 280 亿公斤的二氧化碳排放，有助于减缓气候变化；节省了 1.32 亿公顷的土地，保护了生物多样性。以印度为例，2002 年，转基因抗虫棉花开始被批准种植。此后的 10 年间，印度的棉花产量从 268 万吨增长到 590 万吨，从一个棉花净进口国翻身成为净出口国，同时农药的使用量下降了 90% 以上。

中国农业科学院副院长吴孔明院士带领的团队对一种转基因棉花长期种植的环境影响做了连续的跟踪调查，结果显示棉花田中益虫增多（因农药使用大幅降低），周围的农田也随之受益，整个农田的生态系统趋于良性发展。

2014 年，基于在全球性农田实地考察与实验中获取的时间跨度超过 20 年的第一手数据，来自欧洲的两位专家威廉·克伦坡（Wilhelm Klümper）和马丁·凯姆（Matin Qaim）对近 150 种转基因作物研究结果进行了综合分析，并再次确认了这类作物对生态环境带来的正面影响。根据这项分析，自 1995 年以来，转基因技术带来的正面影响包括：化学农药使用量降低了 37%，作物产量提高了 22%，农户利润增长了 68%。在产量和收益上，发展中国家比发达国家提高的幅度更大。

人们所种植的转基因作物不仅仅限于玉米、大豆、棉花等主要的粮食与经济作物，还有番木瓜、茄子、南瓜等水果和蔬菜，以及畜牧业用的苜蓿等。这些作物因具有耐旱、抗病虫害、抗除草剂、营养丰富、食品质量更好等优势，不仅帮助农户增加了产量、提高了种植效率，同时也让广大消费者受益。

目前国际上已经商业化种植的转基因植物中，涉及的性状有抗虫、抗除草剂、品质改良、抗病毒、延迟成熟等。其中用得最普遍的是抗虫和抗除草剂性状。

抗虫主要指对鳞翅目、鞘翅目等昆虫的抗性，如抗棉铃虫、棉红铃虫、玉米螟、水稻螟虫等。种植转基因抗虫作物，可以明显减少用来杀灭主要害虫的农药数量，农民在喷洒农药时吸入中毒的风险也随之降低，种植农作物的成本也会相应下降。此外，转基因抗虫作物的杀虫专一性很强，除了特定的害虫，通常不会对非靶标昆虫产生毒害作用，也不会对以这些靶标害虫为食的天敌生物产生危害。

抗除草剂主要指提高作物对草甘膦和草丁膦类除草剂的抗性。在田地里，杂草经常和娇贵的农作物争抢土壤里的营养成分，如果不及时除掉杂草的话，可能会造成农作物减产。有些杂草的生命力很顽强，农民即使用耕犁翻土等手段也不能保证完全铲除干净。而且，在农田中，杂草的分布很不均匀，人工除草费时费力、很不经济，只能喷洒除草剂。

转基因抗除草剂作物本身具有对除草剂的抗性，也就是说，喷洒除草剂对作物没有杀灭效果，倒是可以把它们周围的没有加"抗体"的杂草全部消灭。这种高效率的除草方式在现代化的农业体系中非常适用，可以明显减少人工劳动量。在国外，种植作物前使用除草剂去掉杂草，可以实现免耕，同时减少了水土流失。综上所述，人类需要转基因，并且生活中已经享受到转基因切切实实带来的好处。

二、转基因食品安全吗？
——选自《科学世界》2016 年第 3 期

转基因生物的安全性是人们最关心的问题。科学家们也都特别强调，需要加强对转基因技术研究和应用的潜在风险的控制。但风险不是现实的、已经存在的危害或危险，而是指某一特定环境下，某一特定时间段内，某种损失发生的可能性。

随后，世界各国都建立起自己的评价体系，对要上市的转基因产品进行充分的论证和检验。虽然各国进行安全评价的模式和程序不尽相同，但总的评价原则和技术方法，都还是按照国际食品法典委员会的标准制定的。国际食品法典委员会在 1997 年提出的用于评价食品、饮料、饲料中的添加剂、污染物、毒物和致病菌对人体或动物潜在副作用的科学程序，现在已经成为世界各国制定风险性评价标准和管理办法、开展食品风险性评价以及进行风险性信息交流的基础。

其实，食物被消化成小分子物质才能被人体吸收。转基因植物用作食物引发的担心，一方面是人类作为食材和加工品（食用油等）食用，另一方面是用作动物饲料后出产的肉、蛋、奶等。其实，人类吃下食物后，食物里的淀粉、核酸、蛋白质、脂肪等大分子物质，需要在消化道中消化酶的作用下变成小分子物质（例如葡萄糖、核苷酸、氨基酸、脂肪酸等），才能被人体所吸收。口腔里会分泌唾液，唾液中含有淀粉酶，可以把食物中的淀粉类物质水解成小分子。我们常说的"细嚼慢咽"，就是指充分地咬碎食物，并让淀粉酶充分与食物混合在一起。

食物顺着食道进入胃中，这里有强酸性的胃酸和胃蛋白酶，进入小肠后又有胰腺分泌的胰液与其中的胰蛋白酶。蛋白质在胃蛋白酶与此后胰蛋白酶的作用下，原有的长链状结构不断被打开，最后分解成小分子的氨基酸，才能作为营养物质被小肠壁吸收。在体外实验中，按照要求，转基因食品必须在 10 分钟内被完全消化分解，否则就不能通过。因此，通过安全性评价的转基因食品不会在体内滞留积累。由于食物中的蛋白质不会改变生殖细胞的基因，因此，假如人吃了以后会造成健康上的危害，那也只会对本人有效，不会在三代以后才表现出危害。

而食物中的 DNA 暴露在消化道中，会分解成核苷酸等小分子物质被人体吸收利用，不再发挥 DNA 的功能，更不会插入生殖细胞的基因组中而对后代造成影响。几乎所有食物中都含有蛋白质和 DNA，无论是非转基因食品还是转基因食品都是如此。当然，转基因食品与非转基因食品还是有一点差别的：一般转基因作物会增加功能基因，比如抗虫作物中增加了 Bt 基因，因此转基因食品中可能含有少量 Bt 蛋白。于是有人说："连害虫都不吃的作物，人能吃吗？"其实，会有这样的疑问是因为不了解生物农药的作用机制。

人和其他脊椎动物（鸟类、鱼类、家畜类）胃液的 pH 值在 1.5～2.5，属于强酸性环境，并且含胃蛋白酶。而 Bt 蛋白只有在碱性环境中才能被激活，因此，进入人等脊椎动物的消化道以后，会很快被消化酶分解为氨基酸。所以，人和其他脊椎动物就算吃了抗虫转基因作物表达的 Bt 杀虫蛋白，也不会中毒。其实，Bt 生物农药早已投入使用，甚至在自然环境中，人们也会接触到 Bt 杀虫蛋白，这些并没有对人体产生毒害作用。

在描述转基因食品和非转基因食品吃起来一样安全的时候，权威机构会说，它们是"实质等同"的。例如 Bt 抗虫转基因作物，可等同于普通作物、Bt 基因 DNA 和 Bt 蛋白。其中 DNA 是一般认为安全的成分，无需单独检验。因此，只需确认 Bt 蛋白无毒，就可认为 Bt 抗虫转基因作物和普通作物实质等同。

那么，转基因食品的安全性是否需要几代人的检验？有人认为，推广转基因食品，首先要保证转基因食品的绝对安全。即使现在吃了没事，不经过十几年甚至几代人的检验，怎么能知道对人没有害？乍听此话似乎有一定道理，因为安全与否都需经过长时间的检验。但从科学上说，这种观点在思维和认知上是有问题的。

第一，什么是安全的食品？根据我国《食品安全法》，安全食品包括三个要素：无毒、无害；符合应当有的营养要求；对人体健康不造成任何急性、亚急性或者慢性危害。从法律上来看，通过了食品安全风险评估，获取了上市许可的食品就是安全的。现行的转基因食品食用安全性评价，包括了营养学、毒理学和致敏性的评价实验，这些评价方法本身就是上百年间对食品、药品安全问题的提炼，足以排除可能出现的种种潜在危害。此外由于社会舆论的要求，也加入了实验动物三代繁殖等内容，能在相当程度上预估实验动物后代的安全风险。当然，如果一定要求什么"绝对安全""绝对没问题"，目前是没有实验能证明的。但是，世界上又哪有"绝对安全"的食物呢？在传统食物中，槟榔和红肉均为一级致癌物；传统育种方法如诱变和杂交，其基因的变化远比转基因更不可控。从目前来看，只有科学方法能够有效评估哪些食物相对安全，哪些食物相对不安全，而主观的臆测对于实证毫无帮助。

第二，转基因技术的研发与应用已有长期和大规模实践的经历。每年有上亿公顷土地种植转基因作物，数亿吨转基因产品进入国际市场，数十亿人食用转基因食品，尚未发现任何有真正科学证据的安全问题。美国食品和药品监督管理局生物技术办公室的创始人亨利·米勒（Henry Miller）是一位医师兼分子生物学家，他表示："在美国，超过80%的加工食品含有转基因成分。仅在北美地区，消费者使用了超过3万亿份含有转基因的食品，未发现一起有记录的不良反应。"

第三，也有人认可转基因研究可以推进，但又认为转基因作物的推广应当几十年后再说。这种说法忽视了农业科学研究并非是阳春白雪，而是需要投入大量资源、收取丰厚回报的产业。我国在转基因领域投入了大量科研基金，如果成果仅仅是论文、报告而不能转化为生产力的话，将大大打击科研人员的热情，并影响商业公司投入的积极性。

三、转基因科技——科学共识不确定性的公众沟通
——选自基因农业网 2020 年 1 月 13 日

所谓争议性科技议题，是指那些背后涉及到科学问题的社会热点事件。换言之，当民众甚至专家间对有关事件的认识具有争议性或者不确定性时，作为媒体，如何进行传播报道？受众又是如何解读这种事件或科技产品背后的"科学不确定"的？

在风险社会大背景下，科技的社会影响常常具有不确定性，自然会有大量相互竞争的解读逐鹿各大平台，争夺读者的注意力。这之中，作为机构媒体对有关争议性科技的解读，对民众的认知尤其具有重要性。专业的机构媒体毕竟跟自媒体在公信力上不一样。但现实情况是，面对社会性争议事件或者科学性争议事件时，机构媒体有时不仅不能迅速作出反应，未能成为议程设置者，甚至有时候很容易被自媒体带偏。因此，面对争议性科技和不确定性问题，来自机构媒体的科学记者和编辑如何进行叙事考量，作出恰当而快速的反应，是具有挑战性的。

以转基因作物的安全性为例，在判断其种植对环境有没有影响，食用转基因食品对健康有没有不利影响，对这些问题的回答，一方面取决于有关实验过程和分析结果本身的科学性，但同时也与我们对有关结果的解读有关。从假设检验的角度看，离开置信度无法谈论两者之间是否有联系。单纯看基于样本的实验结果，不同的人有时可以得出很不一致的解读结论，给公众带来困惑。

科技的争议性很多时候和所处的社会和时代环境有关。以转基因问题为例，这个议题在美国算不上具有争议性，或者说有很多其他科技相关议题比转基因具有更大的争议，如气候变化、处方止痛药等。但过去十多年，转基因议题在中国则是一个持续争议的社会热点问题。除了转基因这样的农业生物技术，其他典型争议性科技还包括纳米科技、核电等。事实上，核电议题和全球气候变暖议题，因为都涉及能源因素而交织在一起。

如何面向公众进行争议性科技的相关报道，或者说，如何跟公众进行不确定性的传播？这需要从人的风险认知心理讲起。

从认知心理的角度言，一个人对特定科技或产品的知晓程度，是跟他对这一科技或产品的潜在风险感知相关联的，但这两者之间并不是简单的线性关系。大量的研究发现，两者之间其实是一种 U 形关系。换言之，当我们对一种新科技很不了解或者对它非常了解，都容易有比较高的风险感知；对其风险感知较低的人，通常是那些对该科技有所了解的人。以人们对网上银行的风险感知为例。网上银行服务刚推出的时候，很多人对其不了解，特别是计算机网络技能比较差的用户，会对网络银行的使用有很多顾虑甚至恐惧，其风险感知常常是偏大的。真正对计算机比较熟悉的人，也知道网上银行可能存在的安全漏洞，对使用网上银行服务也会有所保留。这样一来，其实两端的人都会感觉到这种新型服务风险比较大。第一拨使用网上银行的早期使用者，常常是那些计算机网络技能处于两者之间的用户。他们对系统和自己都更为自信，相应的风险感知就低。

在科学传播的不同理念和模式中，所谓的缺失模型，背后的假设即是关于人们对科技的了解与他们对科技的态度相关。尽管现在我们认为缺失模型是有很大偏颇的，因为人们对科技的态度，很多时候其对科技的知晓程度和知识水平，其实并不是唯一的因素，甚至不是比较显著的相关因素，人们对科技的态度还取决于科技的类型、不同的社会中人们对政府和制度的信任程度、个人风险偏好、个人社交网络特点等因素。但在很多情况下，对科技的知晓程度，的确是影响风险感知的重要因素。

具体到转基因问题的社会争论，其实过去十多年，社会环境和媒介环境都发生了很大的改变，因此，影响转基因舆论的因素和机制其实也在发生变化。换言之，一个争议性议题的形成，通常有很多推手或议题的推动力量，不同推手的努力方向常常并不一致，因此在舆论场中，特定议题的演进常常取决于不同层面的推动力量或影响因素的综合作用，包括资本的干预、政府的引导等，种种力量交叠在一块，影响社会的舆论生态，远远超出单纯的科学性维度。

从我国转基因舆论的演变看，这其中有些事件具有非常重要而深远的社会影响，如 2009 年颁发安全证书所引发的媒体和公众关注，2012 年黄金大米事件等。国际上围绕转基因作物对环境和动物影响的一些争议性研究，尽管相关科学主流群体很快对这些声称发现转基因作物有健康风险的研究作出回应，证明其研究方法或数据解读有问题，但的确在公众中还是留下了转基因安全性并无科学共识的印象。这就是我们要面对的传播困境：在转基因安全性问题上，即使是零星的最终被证实有误并撤稿的另类研究，客观上仍可能引发媒体和公众的巨大关注，并在社会的集体记忆中叠加上一层"安全尚无定论"的"雪崩前的雪花"，如潜意识般影响公众看待农业生物技术的先天框架。

在国内有关转基因的负面舆论形成过程中，媒体其实是起过重要作用的。根据对《人民日报》《新京报》《南方周末》和《瞭望东方周刊》在 2004 年到 2013 年差不多 10 年有关转基因的报道统计和分析，四家媒体在相关报道中，在利益与风险议题方面，突出转基因的风险："只说风险"占 39%，"利益＋风险"占 25%，"只说利益"占 32%；在文本内容体现的倾向与褒贬态度中，转基因负面形象所占比例为 37.1%，高于正面 33.2% 和中立 29.6%。可以说，今日转基因负面舆论的形成，"没有一片雪花是无辜的"。媒体如何看待争议性科技并把其中蕴含的不确定性和争议性以恰当的方式传达给公众，不只需要"新闻敏感性"，还需要有大局观和对平衡报道原则的更高层面的理解。

由以上三个关于转基因技术较为典型的资料可看出，我们对于转基因作物产业化的态度需要反思和重构思维。特别是本书在第三、第四、第五章以决策伦理困境、根源以及决策伦理原则为对现实问题的研究进行叙事，包括在修缮本书的同时，我意识到转基因作物产业化决策所关涉的问题可能超出了科技、政治、伦理的范畴，还关涉社会，这是一个逐步探寻的过程。因而，这也是决定保留附录的缘由，特别是对当前和未来关于转基因作物产业化决策状况的理解和完善，期待更多读者有思考和共鸣。